技工院校公共基础课程教材

数学 下册

（电工电子类）第8版

主　　编：贺　燕

参　　编：杨显确　朱翠兰　贺维辉　刘志涛

　　　　　郑少军　刘飞兵　肖能芳　陈楚南

　　　　　丁彦娜　汪志忠　张仕明

U0364959

中国劳动社会保障出版社

图书在版编目（CIP）数据

数学：第 8 版. 下册：电工电子类 / 贺燕主编.

8 版. -- 北京：中国劳动社会保障出版社，2025.

（技工院校公共基础课程教材）. -- ISBN 978-7-5167

-6777-1

Ⅰ.O1

中国国家版本馆 CIP 数据核字第 2024J6581S 号

中国劳动社会保障出版社出版发行

（北京市惠新东街 1 号　邮政编码：100029）

*

北京宏伟双华印刷有限公司印刷装订　　新华书店经销

880 毫米×1230 毫米　16 开本　12 印张　217 千字

2025 年 2 月第 8 版　　2025 年 2 月第 1 次印刷

定价：26.00 元

营销中心电话：400-606-6496

出版社网址：https://www.class.com.cn

https://jg.class.com.cn

前　言

Foreword

本套教材以人力资源社会保障部办公厅印发的《技工院校数学课程标准》为依据，经充分调研和吸收一线教师的意见，在第 7 版教材的基础上编写而成. 教材内容面向技能人才培养，反映职业教育特色，致力于为专业学习、岗位工作和职业发展打造良好的支撑平台.

一、划分专业类别，提供多样选择

为满足不同专业类别的需要，教材延续了"1＋3"的架构方式（见下图）：上册为所有专业提供共同的数学基础；三种下册分别对应机械建筑类专业、电工电子类专业和一般专业，定向地为专业学习和岗位工作服务.

教材内容选取体现因材施教、分层教学的思想：一是保证中级技能人才培养的基本需求，主体内容以数学基础知识和数学基本技能为重；二是设置拓展内容，为后期对数学要求较高的专业留下教学空间；三是增加部分难度稍大的习题（题前加＊号），供学有余力的学生进一步探索和提升能力使用.

二、传授思想方法，发展实践技能

思想方法是实践的基础. 教材通过对实例、例题和习题的设计，为学生提供丰富的观察感知、空间想象、归纳类比、抽象概括、数据处理、运算求解、反思建构的机会，帮助学生建立数学思维，并逐步学会用之指导实践，为将来的学习和工作做好准备.

"做中学、学中做"是职业教育需秉持的理念.教材通过设置实践活动栏目，促使学生综合运用数学知识技能处理专业和生活中的问题，提高判断和解决实际问题的本领.此外，教材全面融入现代信息技术，引导学生在操作和探究中更直观、深入地理解数学知识，发展利用信息技术解决实际问题的技能.

三、遵循认知规律，传递科学精神

强调启发和互动是数学课需贯彻的教学思路.教材通过实例考察、例题解析和实践等环节，引导学生经历由具体到抽象、由抽象到抽象、由抽象到具体的学习过程，帮助学生深入体会知识与技能的获得和内化，构建合理认知结构，掌握有效学习方法，同时体验探索真理的乐趣和解决问题的成就感，形成自主学习意识.

传播数学文化是数学课承担的重要任务.教材通过探索中国栏目，介绍数学发展历程和数学家克服万难、追求真理的事迹，展现数学对推动我国科技和社会发展的作用，促使学生养成实事求是、积极进取的态度，在职业生涯中能够锲而不舍实现理想，勇于创新力攀高峰.

本套教材的编写工作得到了浙江、广东、江苏、河北、北京等省市人力资源社会保障厅（局）和相关院校的支持与帮助，在此表示衷心的感谢.

目 录
Contents

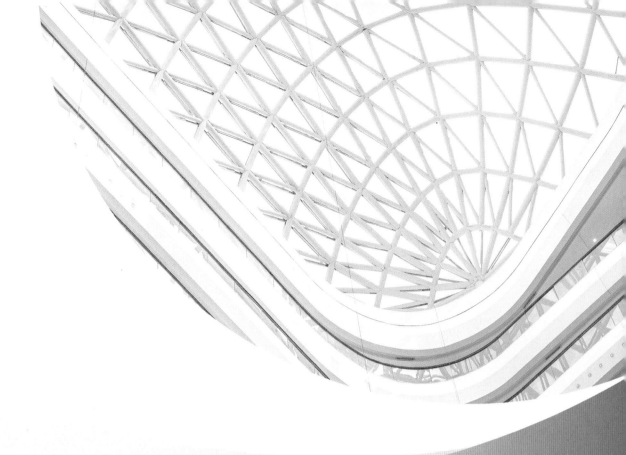

第1章

三角函数及其应用

三角函数是一种基本初等函数，它作为描述周期现象的最常见、最基本的数学模型，在其他领域也有广泛的应用．例如，在电子工程中，三角函数用于描述电流、电压和信号的特性，在交流电中进行电路的串、并联运算时，涉及电压叠加、电流叠加、阻抗叠层就需要用到两角和与差的三角公式．

本章主要研究两角和与差的三角公式、正弦型曲线以及解直角三角形在生产实际中的应用．通过对这些知识的学习，不仅可以更好地利用三角函数知识解决实际问题，体会数学的重要性，还可以帮助提升数学运算、数据分析等素养，进一步提高数学思维能力和应用能力．

学习目标

  1. 了解已知三角函数值，求指定范围内的角的方法.

  2. 会借助计算器求已知三角函数值的角.

  3. 掌握两角和与差的正弦、余弦公式，会进行有关计算.

  4. 会应用两角和与差的正弦公式进行电工学中的同频率正弦量的叠加计算.

  5. 了解正弦型曲线与电工学中的交流电的关系，熟练掌握正弦量的三要素，会求同频率正弦量的相位差.

  6. 理解并掌握直角三角形的边角关系，能应用直角三角形的边角关系解决一些实际问题.

知识回顾

sin α，cos α 和 tan α 的几何意义

  在任意角 α 的终边上任取不同于原点的点 P，设点 P 的坐标为 $(x，y)$，$|OP|=r$，则 $r=\sqrt{x^2+y^2}\,(r>0)$. 于是我们定义三角比

$$\sin \alpha=\frac{y}{r}，\quad \cos \alpha=\frac{x}{r}，\quad \tan \alpha=\frac{y}{x}.$$

  由于角 α 的三角比值与点 P 在角 α 终边上的位置无关，因此利用单位圆求已知角 α 的三角比值较为方便. 如图 1-1 所示，在单位圆中

$$\sin \alpha=\frac{y}{r}=y，\quad \cos \alpha=\frac{x}{r}=x，\quad \tan \alpha=\frac{y}{x}，$$

即点 P 的坐标为 $(\sin \alpha，\cos \alpha)$.

  三角比值在各象限的符号如图 1-2 所示.

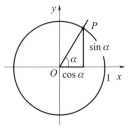

图 1-1

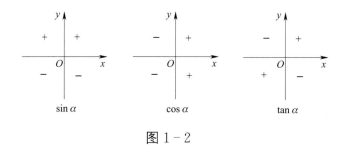

图 1 - 2

三角函数的诱导公式

公式一
$$\sin(\alpha+2k\pi)=\sin \alpha,\ k\in \mathbf{Z}$$
$$\cos(\alpha+2k\pi)=\cos \alpha,\ k\in \mathbf{Z}$$

公式二
$$\sin(-\alpha)=-\sin \alpha$$
$$\cos(-\alpha)=\cos \alpha$$

公式三
$$\sin(2\pi-\alpha)=-\sin \alpha$$
$$\cos(2\pi-\alpha)=\cos \alpha$$

公式四
$$\sin(\pi+\alpha)=-\sin \alpha$$
$$\cos(\pi+\alpha)=-\cos \alpha$$

公式五
$$\sin(\pi-\alpha)=\sin \alpha$$
$$\cos(\pi-\alpha)=-\cos \alpha$$

1.1　已知三角函数值求角

如图 1-3 所示，某海关缉私艇在点 O 处发现在正北方向 30 n mile 的 A 处有一艘可疑船只，测得它正以 60 n mile/h 的速度向正东方向航行，缉私艇随即调整方向，以 75 n mile/h 的速度准备在 B 处拦截，问缉私艇应沿怎样的方向航行，经过多长时间能追上可疑船只？

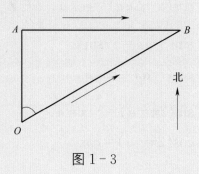

图 1-3

解　设经过 t h 能追上可疑船只，则 $AB=60t$，$OB=75t$，在直角三角形 OAB 中

$$OA^2+AB^2=OB^2,$$

即

$$30^2+(60t)^2=(75t)^2,$$

解得 $t=\pm\dfrac{2}{3}$.

因为 $t>0$，所以 $t=\dfrac{2}{3}$ h，即经过 40 min 缉私艇能追上可疑船只.

那么缉私艇是沿怎样的方向航行的？在直角三角形 OAB 中，易得

$$\sin\angle AOB=\frac{AB}{OB}=0.8,$$

$$\cos\angle AOB=\frac{OA}{OB}=0.6.$$

　　现在已知∠AOB 的正弦值和余弦值，如果能由上面的任意一个算式求得∠AOB，就能确定缉私艇航行的方向了. 那么如何求出∠AOB 呢？这就是本节要解决的问题.

1.1.1　已知正弦函数值求角

　　利用计算器可以直接求出任意角的三角函数值，那么，已知任意角的三角函数值，利用计算器是否也可以直接求出指定范围内的角呢？

　　在计算器的标准设置中，已知正弦函数值，只能显示出 $-90°\sim$ $90°\left(或-\dfrac{\pi}{2}\sim\dfrac{\pi}{2}\right)$ 范围内的角. 求角的操作步骤是：设定角度或弧度计算模式 → 按键 $\boxed{\text{SHIFT}}$ → 按键 $\boxed{\sin}$ → 输入正弦函数值 → 按键 $\boxed{=}$ → 显示 $-90°\sim90°\left(或-\dfrac{\pi}{2}\sim\dfrac{\pi}{2}\right)$ 范围内的角.

　　下面我们通过具体例子来讨论：已知一个角的正弦函数值，怎样求指定范围内对应的角.

例题解析

　　例1　设 $-90°<\alpha<90°$，利用计算器求满足下列条件的角 α（精确到 $0.1°$）：

　　(1) $\sin\alpha=0.8$;　　　　(2) $\sin\alpha=0.4$;

　　(3) $\sin\alpha=-0.8$;　　　(4) $\sin\alpha=-0.4$.

　　解　利用计算器，得

　　(1) $\alpha\approx53.1°$;

　　(2) $\alpha\approx23.6°$;

　　(3) $\alpha\approx-53.1°$;

　　(4) $\alpha\approx-23.6°$.

提示　$1°=60'$，$1'=60''$.

例 2　已知 $\sin \alpha = \dfrac{3}{5}$，$0° < \alpha < 360°$，求角 α（精确到 $0.1°$）.

解　因为 $\sin \alpha = \dfrac{3}{5} > 0$，所以 α 是第一或第二象限角.

当 α 是第一象限角时，由 $\sin \alpha = \dfrac{3}{5}$，利用计算器得 $\alpha \approx 36.9°$.

当 α 是第二象限角时，由

$$\sin(180° - 36.9°) = \sin 36.9° = \dfrac{3}{5},$$

得

$$\alpha \approx 180° - 36.9° \approx 143.1°.$$

所以，所求的角 α 为 $36.9°$ 或 $143.1°$.

例 3　已知 $\sin \alpha = -0.260\ 1$，$0° < \alpha < 360°$，求角 α（精确到 $0.01°$）.

解　因为 $\sin \alpha = -0.260\ 1 < 0$，所以 α 是第三或第四象限角.

利用计算器得到，符合 $\sin \alpha' = 0.260\ 1$ 的锐角

$$\alpha' \approx 15.08°.$$

当 α 是第三象限角时，由

$$\sin(180° + 15.08°) = -\sin 15.08° \approx -0.260\ 1 = \sin \alpha$$

得

$$\alpha \approx 180° + 15.08° = 195.08°.$$

当 α 是第四象限角时，由

$$\sin(360° - 15.08°) = -\sin 15.08° \approx -0.260\ 1 = \sin \alpha$$

得

$$\alpha \approx 360° - 15.08° = 344.92°.$$

所以，所求的角 α 为 $195.08°$ 或 $344.92°$.

提示　如果指定的范围为 $0° \sim 360°$ 或 $0 \sim 2\pi$，且 $\sin \alpha \neq \pm 1$ 或 0，那么角 α 总有两个. 一般先求正弦值的绝对值所对应的锐角，然后根据角所在的象限和诱导公式得到所求的角.

知识巩固 1

1. 设 $0 < \alpha < 2\pi$，求满足下列条件的角 α：

(1) $\sin \alpha = \dfrac{1}{2}$；　　　　　　(2) $\sin \alpha = -\dfrac{\sqrt{2}}{2}$.

2. 设 $0° < \alpha < 360°$，求满足下列条件的角 α（精确到 $0.01°$）：

(1) $\sin \alpha = \dfrac{\sqrt{3}}{2}$；　　　　　　(2) $\sin \alpha = -0.8$.

1.1.2　已知余弦函数值求角

在计算器的标准设置中，已知余弦函数值，只能显示出 $0° \sim$ $180°$（或 $0 \sim \pi$）范围内的角. 求角的操作步骤是：设定角度或弧度计算模式 → 按键 $\boxed{\text{SHIFT}}$ → 按键 $\boxed{\cos}$ → 输入余弦函数值 → 按键 $\boxed{=}$ → 显示 $0° \sim 180°$（或 $0 \sim \pi$）范围内的角.

下面我们同样通过具体例子来讨论：已知一个余弦函数值，怎样求指定范围内对应的角.

例题解析

例 1　设 $0° < \alpha < 180°$，利用计算器求满足下列条件的角 α（精确到 $0.1°$）：

(1) $\cos \alpha = 0.8$；　　　　(2) $\cos \alpha = 0.4$；

(3) $\cos \alpha = -0.8$；　　　(4) $\cos \alpha = -0.4$.

解　利用计算器，得

(1) $\alpha \approx 36.9°$；

(2) $\alpha \approx 66.4°$；

(3) $\alpha \approx 143.1°$；

(4) $\alpha \approx 113.6°$.

例 2　已知 $\cos \alpha = \dfrac{\sqrt{3}}{2}$，$0 < \alpha < 2\pi$，求角 α.

解　因为 $\cos \alpha = \dfrac{\sqrt{3}}{2} > 0$，所以 α 是第一或第四象限角.

当 α 是第一象限角时，由 $\cos \dfrac{\pi}{6} = \dfrac{\sqrt{3}}{2}$，得

$$\alpha = \dfrac{\pi}{6}.$$

当 α 是第四象限角时，由

$$\cos\left(2\pi - \dfrac{\pi}{6}\right) = \cos \dfrac{\pi}{6} = \dfrac{\sqrt{3}}{2}$$

得

$$\alpha = 2\pi - \dfrac{\pi}{6} = \dfrac{11\pi}{6}.$$

所以，所求的角 α 为 $\dfrac{\pi}{6}$ 或 $\dfrac{11\pi}{6}$.

例 3　已知 $\cos \alpha = -0.260\,1$，$0° < \alpha < 360°$，求角 α（精确到 $0.01°$）.

解　因为 $\cos \alpha = -0.260\,1 < 0$，所以 α 是第二或第三象限角.

利用计算器得到，符合 $\cos \alpha' = 0.260\,1$ 的锐角，

$$\alpha' \approx 74.92°.$$

当 α 是第二象限角时，由

$$\cos(180° - \alpha') = -\cos \alpha' = \cos \alpha$$

得

$$\alpha = 180° - \alpha' = 180° - 74.92° = 105.08°.$$

当 α 是第三象限角时，由

$$\cos(180° + \alpha') = -\cos \alpha' = \cos \alpha$$

得

$$\alpha = 180° + \alpha' = 180° + 74.92° = 254.92°.$$

所以，所求的角 α 为 $105.08°$ 或 $254.92°$.

提示　如果所指定的范围为 $0° \sim 360°$ 或 $0 \sim 2\pi$，且 $\cos \alpha \neq -1$，那么角 α 总有两个. 一般先求余弦值的绝对值所对应的锐角，然后根据角所在的象限和诱导公式得到所求的角.

知识巩固 2

1. 设 $0 < \alpha < 2\pi$，求满足下列条件的角 α：

(1) $\cos \alpha = \dfrac{1}{2}$；　　　　　　　　(2) $\cos \alpha = -\dfrac{\sqrt{2}}{2}$.

2. 设 $0° < \alpha < 360°$，求满足下列条件的角 α（精确到 $0.01°$）：

(1) $\cos \alpha = 0.346\,2$；　　　　　　(2) $\cos \alpha = -0.421\,2$.

3. 已知 $\tan \alpha = 1$，$0 < \alpha < 2\pi$，求角 α.

4. 请你计算本节实例考察中缉私艇航行的方向.

1.2　两角和与差的正弦、余弦

实例考察

　　某城市的电视发射塔建在近郊的一座小山上，如图 1-4 所示．小山高 BC 约为 50 m，在地平面上的 A 处，测得 A，C 两点间的距离约为 130 m，测得电视发射塔的视角（$\angle CAD$）约为 45°，求这座电视发射塔的高度 CD.

图 1-4

　　设这座电视发射塔的高 $CD = x$ m，$\angle BAC = \alpha$.

　　在直角三角形 ABC 中

$$\sin \alpha = \frac{BC}{AC} = \frac{50}{130} = \frac{5}{13}, \quad AB = \sqrt{130^2 - 50^2} = 120.$$

　　在直角三角形 ABD 中

$$\tan(45° + \alpha) = \frac{x + 50}{120}.$$

　　如果能由 $\sin \alpha = \dfrac{5}{13}$ 和 45° 的三角函数值求得 $\tan(45° + \alpha)$ 的值，那么上式就是一个关于 x 的一元一次方程，由此就能很方便地求得这座电视发射塔的高度．

　　如何由 $\sin \alpha = \dfrac{5}{13}$ 和 45° 的三角函数值求得 $\tan(45° + \alpha)$ 的值呢？一般地说，如果知道了任意角 α 和 β 的三角函数值，那么如

何利用它们来表示 $\alpha+\beta$ 和 $\alpha-\beta$ 的三角函数值呢？这些就是本节要解决的问题.

1.2.1　两角和与差的余弦

下面我们来研究如何用角 α 和 β 的三角函数值表示 $\cos(\alpha-\beta)$ 的问题.

如图 1-5a 所示，圆 O 的半径为 1 (圆 O 是单位圆)，圆 O 与 x 轴正半轴的交点为 $P_0(1,\ 0)$，任意角 α，β 和 $\alpha-\beta$ 的终边与圆的交点依次为 P_1，P_2 和 P_3，则 $|OP_1|=|OP_2|=|OP_3|=1$.

根据三角函数的定义可知，点 P_1，P_2，P_3 的坐标分别是 $(\cos\alpha,\ \sin\alpha)$，$(\cos\beta,\ \sin\beta)$，$(\cos(\alpha-\beta),\ \sin(\alpha-\beta))$. 如图 1-5b 所示，连接 P_0P_3 和 P_1P_2. 由于 $\angle P_2OP_1=\angle P_0OP_3=\alpha-\beta$，根据相等的圆心角所对的弦长相等，得

$$|P_0P_3|=|P_1P_2|.$$

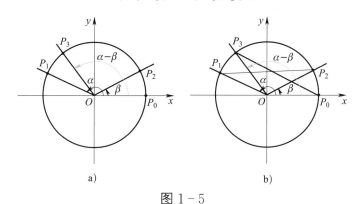

a)　　　　　　　　b)

图 1-5

根据两点间的距离公式，有

$$|P_0P_3|^2=[\cos(\alpha-\beta)-1]^2+[\sin(\alpha-\beta)-0]^2$$
$$=\cos^2(\alpha-\beta)-2\cos(\alpha-\beta)+1+\sin^2(\alpha-\beta)$$
$$=2-2\cos(\alpha-\beta),$$
$$|P_1P_2|^2=(\cos\alpha-\cos\beta)^2+(\sin\alpha-\sin\beta)^2$$
$$=\cos^2\alpha-2\cos\alpha\cos\beta+\cos^2\beta+\sin^2\alpha-2\sin\alpha\sin\beta+\sin^2\beta$$
$$=2-2(\cos\alpha\cos\beta+\sin\alpha\sin\beta).$$

提示 直角坐标系中，若有 $P_1(x_1，y_1)$，$P_2(x_2，y_2)$，则两点间的距离公式为 $|P_1P_2|=\sqrt{(x_1-x_2)^2+(y_1-y_2)^2}$.

因为 $|P_0P_3|^2=|P_1P_2|^2$，所以

$$2-2\cos(\alpha-\beta)=2-2(\cos\alpha\cos\beta+\sin\alpha\sin\beta)，$$

即

$$\cos(\alpha-\beta)=\cos\alpha\cos\beta+\sin\alpha\sin\beta.$$

上式对任意角 α 和 β 都成立.

在上面的公式中，用 $-\beta$ 代替 β，得

$$\cos[\alpha-(-\beta)]=\cos\alpha\cos(-\beta)+\sin\alpha\sin(-\beta)$$
$$=\cos\alpha\cos\beta-\sin\alpha\sin\beta，$$

即

$$\cos(\alpha+\beta)=\cos\alpha\cos\beta-\sin\alpha\sin\beta.$$

这样，我们得到**两角和与差的余弦公式**：

$$
\begin{array}{ll}
\cos(\alpha+\beta)=\cos\alpha\cos\beta-\sin\alpha\sin\beta， & (C_{\alpha+\beta}) \\
\cos(\alpha-\beta)=\cos\alpha\cos\beta+\sin\alpha\sin\beta. & (C_{\alpha-\beta})
\end{array}
$$

提示 两角和的余弦公式也可以称为和角的余弦公式，简记为 $C_{\alpha+\beta}$；两角差的余弦公式也可以称为差角的余弦公式，简记为 $C_{\alpha-\beta}$.

例题解析

例1 利用公式 $C_{\alpha+\beta}$ 和 $C_{\alpha-\beta}$ 求值：

(1) $\cos 75°$；　　　　　　　　(2) $\cos\dfrac{\pi}{12}$.

解 (1) $\cos 75°=\cos(45°+30°)$

$$=\cos 45°\cos 30°-\sin 45°\sin 30°$$

$$=\frac{\sqrt{2}}{2}\times\frac{\sqrt{3}}{2}-\frac{\sqrt{2}}{2}\times\frac{1}{2}=\frac{\sqrt{6}-\sqrt{2}}{4}.$$

$$(2)\ \cos \frac{\pi}{12}=\cos\left(\frac{\pi}{4}-\frac{\pi}{6}\right)$$

$$=\cos \frac{\pi}{4}\cos \frac{\pi}{6}+\sin \frac{\pi}{4}\sin \frac{\pi}{6}$$

$$=\frac{\sqrt{2}}{2}\times\frac{\sqrt{3}}{2}+\frac{\sqrt{2}}{2}\times\frac{1}{2}=\frac{\sqrt{6}+\sqrt{2}}{4}.$$

例 2　化简下列各式并求值：

(1) $\cos 41°\cos 11°+\sin 41°\sin 11°$;

(2) $\cos 33°\cos 27°-\sin 33°\sin 27°$.

解　(1) 原式 $=\cos(41°-11°)=\cos 30°=\dfrac{\sqrt{3}}{2}$.

(2) 原式 $=\cos(33°+27°)=\cos 60°=\dfrac{1}{2}$.

提示　公式 $C_{\alpha+\beta}$ 和 $C_{\alpha-\beta}$ 等号的两边可以相互转化. 例 1 是公式由左向右的应用，关键是把角拆分为两个特殊角的和或差；例 2 是公式由右向左的应用，关键是把原式整理成公式右边的形式，然后把它化为公式左边的形式.

例 3　设 $\sin \alpha=\dfrac{4}{5}$，且 α 在第二象限，$\cos \beta=-\dfrac{5}{13}$，且 β 在第三象限，求 $\cos(\alpha-\beta)$ 的值.

解　因为 $\sin \alpha=\dfrac{4}{5}$，且 α 在第二象限，所以

$$\cos \alpha=-\sqrt{1-\sin^2\alpha}=-\sqrt{1-\left(\frac{4}{5}\right)^2}=-\frac{3}{5}.$$

因为 $\cos \beta=-\dfrac{5}{13}$，且 β 在第三象限，所以

$$\sin \beta=-\sqrt{1-\cos^2\beta}=-\sqrt{1-\left(-\frac{5}{13}\right)^2}=-\frac{12}{13}.$$

于是有

$$\cos(\alpha-\beta)=\cos \alpha\cos \beta+\sin \alpha\sin \beta$$

$$=\left(-\frac{3}{5}\right)\times\left(-\frac{5}{13}\right)+\frac{4}{5}\times\left(-\frac{12}{13}\right)=-\frac{33}{65}.$$

提示 例3的解题步骤：第一步，利用同角关系求出所需的三角函数值；第二步，利用和角或差角的余弦公式求出两角和或差的三角函数值.

例4 分别用 $\sin\alpha$ 或 $\cos\alpha$ 表示 $\cos\left(\frac{\pi}{2}-\alpha\right)$ 和 $\sin\left(\frac{\pi}{2}-\alpha\right)$.

解
$$\cos\left(\frac{\pi}{2}-\alpha\right)=\cos\frac{\pi}{2}\cos\alpha+\sin\frac{\pi}{2}\sin\alpha$$
$$=0\times\cos\alpha+1\times\sin\alpha$$
$$=\sin\alpha.$$

若 $\alpha_1+\alpha_2=\frac{\pi}{2}$，则由

$$\cos\left(\frac{\pi}{2}-\alpha\right)=\sin\alpha$$

可知 $\cos\alpha_1=\sin\alpha_2$.

因此 $\cos\alpha=\sin\left(\frac{\pi}{2}-\alpha\right)$，即

$$\sin\left(\frac{\pi}{2}-\alpha\right)=\cos\alpha.$$

提示 $\sin\left(\frac{\pi}{2}-\alpha\right)=\cos\alpha$，$\cos\left(\frac{\pi}{2}-\alpha\right)=\sin\alpha$ 正是初中学过的公式，这里把公式中的角由锐角推广到了任意角.

例5 用两个功率表测量三相交流电负荷的功率时，可得 $p_1=UI\cos(\varphi+30°)$，$p_2=UI\cos(\varphi-30°)$. 试证明：

$$p_1+p_2=\sqrt{3}UI\cos\varphi.$$

证明
$$p_1+p_2=UI\cos(\varphi+30°)+UI\cos(\varphi-30°)$$
$$=UI(\cos\varphi\cos30°-\sin\varphi\sin30°)+$$
$$UI(\cos\varphi\cos30°+\sin\varphi\sin30°)$$
$$=2UI\cos\varphi\cos30°$$
$$=2UI\cos\varphi\cdot\frac{\sqrt{3}}{2}=\sqrt{3}UI\cos\varphi.$$

知识巩固 1

1. 利用公式 $C_{\alpha+\beta}$ 和 $C_{\alpha-\beta}$ 求值：

(1) $\cos 15°$；

(2) $\cos 105°$；

(3) $\cos 80°\cos 20°+\sin 80°\sin 20°$；

(4) $\cos 32°\cos 13°-\sin 32°\sin 13°$；

(5) $\cos 27°\cos 18°-\cos 63°\cos 72°$.

2. 在三角形 ABC 中，已知 $\cos A=\dfrac{3}{5}$，$\cos B=\dfrac{5}{13}$，求 $\cos C$ 的值.

1.2.2　两角和与差的正弦

根据 $\sin\left(\dfrac{\pi}{2}-\alpha\right)=\cos\alpha$，$\cos\left(\dfrac{\pi}{2}-\alpha\right)=\sin\alpha$ 和公式 $C_{\alpha-\beta}$，得

$$\begin{aligned}
\sin(\alpha+\beta)&=\cos\left[\dfrac{\pi}{2}-(\alpha+\beta)\right]\\
&=\cos\left[\left(\dfrac{\pi}{2}-\alpha\right)-\beta\right]\\
&=\cos\left(\dfrac{\pi}{2}-\alpha\right)\cos\beta+\sin\left(\dfrac{\pi}{2}-\alpha\right)\sin\beta\\
&=\sin\alpha\cos\beta+\cos\alpha\sin\beta,
\end{aligned}$$

即

$$\sin(\alpha+\beta)=\sin\alpha\cos\beta+\cos\alpha\sin\beta.$$

在上面的公式中，用 $-\beta$ 代替 β，推导出 $\sin(\alpha-\beta)$ 的正弦公式：

$$\begin{aligned}
\sin(\alpha-\beta)&=\sin[\alpha+(-\beta)]\\
&=\sin\alpha\cos(-\beta)+\cos\alpha\sin(-\beta)\\
&=\sin\alpha\cos\beta-\cos\alpha\sin\beta.
\end{aligned}$$

这样，我们得到**两角和与差的正弦公式**：

$\sin(\alpha+\beta)=\sin\alpha\cos\beta+\cos\alpha\sin\beta$		$(S_{\alpha+\beta})$
$\sin(\alpha-\beta)=\sin\alpha\cos\beta-\cos\alpha\sin\beta$		$(S_{\alpha-\beta})$

> **提示**　两角和的正弦公式也可以称为和角的正弦公式，简记为 $S_{\alpha+\beta}$；两角差的正弦公式也可以称为差角的正弦公式，简记为 $S_{\alpha-\beta}$.

▶ 例题解析

例 1　利用公式 $S_{\alpha+\beta}$ 和 $S_{\alpha-\beta}$ 求值：

(1) $\sin 105°$；　　　　　　(2) $\sin \dfrac{\pi}{12}$.

解　(1) $\sin 105° = \sin(60° + 45°)$

$$= \sin 60° \cos 45° + \cos 60° \sin 45°$$

$$= \frac{\sqrt{3}}{2} \times \frac{\sqrt{2}}{2} + \frac{1}{2} \times \frac{\sqrt{2}}{2} = \frac{\sqrt{6} + \sqrt{2}}{4}.$$

> **试一试**
>
> 用其他解法求 $\sin 105°$ 的值.

(2) $\sin \dfrac{\pi}{12} = \sin\left(\dfrac{\pi}{4} - \dfrac{\pi}{6}\right)$

$$= \sin \frac{\pi}{4} \cos \frac{\pi}{6} - \cos \frac{\pi}{4} \sin \frac{\pi}{6}$$

$$= \frac{\sqrt{2}}{2} \times \frac{\sqrt{3}}{2} - \frac{\sqrt{2}}{2} \times \frac{1}{2} = \frac{\sqrt{6} - \sqrt{2}}{4}.$$

例 2　化简下列各式：

(1) $\sin 13° \cos 17° + \cos 13° \sin 17°$；

(2) $\sin 82° \cos 22° - \cos 82° \sin 22°$.

解　(1) 原式 $= \sin 13° \cos 17° + \cos 13° \sin 17°$

$$= \sin(13° + 17°) = \sin 30° = \frac{1}{2}.$$

(2) 原式 $= \sin 82° \cos 22° - \cos 82° \sin 22°$

$$= \sin(82° - 22°) = \sin 60° = \frac{\sqrt{3}}{2}.$$

例 3　设 $\cos \varphi = \dfrac{3}{5}$，$\dfrac{3\pi}{2} < \varphi < 2\pi$，求 $\sin\left(\varphi + \dfrac{\pi}{6}\right)$ 的值.

解　因为 $\cos \varphi = \dfrac{3}{5}$，$\dfrac{3\pi}{2} < \varphi < 2\pi$，所以

$$\sin \varphi = -\sqrt{1 - \cos^2 \varphi}$$

$$=-\sqrt{1-\left(\frac{3}{5}\right)^2}=-\frac{4}{5},$$

于是有

$$\sin\left(\varphi+\frac{\pi}{6}\right)=\sin\varphi\cos\frac{\pi}{6}+\cos\varphi\sin\frac{\pi}{6}$$

$$=\left(-\frac{4}{5}\right)\times\frac{\sqrt{3}}{2}+\frac{3}{5}\times\frac{1}{2}=\frac{3-4\sqrt{3}}{10}.$$

例 4　求证：$\sin\alpha+\sqrt{3}\cos\alpha=2\sin\left(\alpha+\frac{\pi}{3}\right)$.

证明一　右边$=2\left(\sin\alpha\cos\frac{\pi}{3}+\cos\alpha\sin\frac{\pi}{3}\right)$

$$=2\left(\frac{1}{2}\sin\alpha+\frac{\sqrt{3}}{2}\cos\alpha\right)$$

$$=\sin\alpha+\sqrt{3}\cos\alpha=左边.$$

证明二　左边$=2\left(\frac{1}{2}\sin\alpha+\frac{\sqrt{3}}{2}\cos\alpha\right)$

$$=2\left(\sin\alpha\cos\frac{\pi}{3}+\cos\alpha\sin\frac{\pi}{3}\right)$$

$$=2\sin\left(\alpha+\frac{\pi}{3}\right)=右边.$$

提示　在证明二中，逆向使用了 $\cos\frac{\pi}{3}=\frac{1}{2}$，$\sin\frac{\pi}{3}=\frac{\sqrt{3}}{2}$.

例 5　工业用三相交流电的瞬时电压 u 是时间 t 的函数. 已知三相交流电的瞬时电压分别为 u_1，u_2，u_3，零线的瞬时电压 $u=u_1+u_2+u_3$. 若 $u_1=220\sqrt{2}\sin 100\pi t$，$u_2=220\sqrt{2}\sin(100\pi t+120°)$，$u_3=220\sqrt{2}\sin(100\pi t-120°)$. 求零线的瞬时电压.

解　将 u_1，u_2，u_3 的值代入 u，得

$u=u_1+u_2+u_3$

$=220\sqrt{2}\sin 100\pi t+220\sqrt{2}\sin(100\pi t+120°)+220\sqrt{2}\sin(100\pi t-120°)$

$=220\sqrt{2}\sin 100\pi t+220\sqrt{2}(\sin 100\pi t\cos 120°+$

$\cos 100\pi t\sin 120°)+220\sqrt{2}(\sin 100\pi t\cos 120°-$

$$\qquad\qquad\qquad\qquad\cos 100\pi t \sin 120°)$$

$$=220\sqrt{2}\,(\sin 100\pi t +2\sin 100\pi t \cos 120°)$$

$$=220\sqrt{2}\left[\sin 100\pi t +2\sin 100\pi t \cdot\left(-\frac{1}{2}\right)\right]=0.$$

▶ **知识巩固 2**

1. 利用公式 $S_{\alpha+\beta}$ 和 $S_{\alpha-\beta}$ 求值:

(1) $\sin\dfrac{5\pi}{12}$;   (2) $\sin\dfrac{2\pi}{9}\cos\dfrac{\pi}{9}+\cos\dfrac{2\pi}{9}\sin\dfrac{\pi}{9}$;

(3) $\sin 55°\cos 25°-\sin 35°\cos 65°$.

2. 已知 $\sin\alpha=\dfrac{5}{13}$, $\alpha\in\left(0,\dfrac{\pi}{2}\right)$, 求 $\sin\left(\dfrac{\pi}{3}+\alpha\right)$ 的值.

3. 已知某串联电路中有两个元件, 其中一个元件的电压 $u_1=10\sqrt{2}\sin(\omega t+60°)$, 另一个元件的电压是 $u_2=10\sqrt{2}\sin(\omega t+30°)$. 求电源电压 u. (提示 $u=u_1+u_2$.)

4. 请你计算本节实例考察中电视发射塔的高度(精确到0.1 m).

1.2.3 $a\sin x\pm b\cos x$ 的转化

下面, 我们来讨论怎样将 $a\sin x\pm b\cos x$ $(a>0, b>0)$ 转化为 $A\sin(x\pm\varphi)\left(A>0, 0<\varphi<\dfrac{\pi}{2}\right)$ 的形式.

我们假设 $a\sin x\pm b\cos x=A\sin(x\pm\varphi)$, 因为

$$A\sin(x\pm\varphi)=A(\sin x\cos\varphi\pm\cos x\sin\varphi)$$

$$=A\cos\varphi\sin x\pm A\sin\varphi\cos x,$$

所以

$$\begin{cases}A\cos\varphi=a,\\ A\sin\varphi=b.\end{cases}$$

由此可得

$$A^2\cos^2\varphi+A^2\sin^2\varphi=a^2+b^2,$$

即 $A^2 = a^2 + b^2$，$A = \sqrt{a^2 + b^2}$，且有

$$\begin{cases} \cos \varphi = \dfrac{a}{A}, \\ \sin \varphi = \dfrac{b}{A}. \end{cases}$$

图 1-6

根据上述结果可确定唯一的锐角 φ.

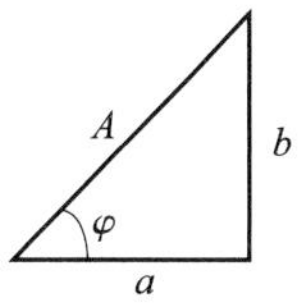

也可以从图 1-6 所示直角三角形中得到 A 和 φ.

> **提示** 在电工学中，我们通常把代数式 $a \sin \alpha \pm b \cos \alpha$ 化为 $A\sin(\alpha \pm \varphi)$ 的过程叫做有相同角频率 ω 的正弦交流电的叠加.

▶ 例题解析

例 1 把 $\sin x - \cos x$ 化为一个正弦型表达式.

解 因为 $A = \sqrt{1^2 + 1^2} = \sqrt{2}$，且有

$$\begin{cases} \cos \varphi = \dfrac{1}{\sqrt{2}} = \dfrac{\sqrt{2}}{2}, \\ \sin \varphi = \dfrac{1}{\sqrt{2}} = \dfrac{\sqrt{2}}{2}, \end{cases}$$

解得 $\varphi = \dfrac{\pi}{4}$.

所以，$\sin x - \cos x = \sqrt{2} \sin\left(x - \dfrac{\pi}{4}\right)$.

例 2 电工在研究交流电路时，经常会遇到这样的问题：如图 1-7 所示的电路中，已知电流强度 $i_1 = 20\sin(\omega t + 60°)$，$i_2 = 10\sin(\omega t - 30°)$，求总电流强度 i.

解 $i = i_1 + i_2$

$= 20\sin(\omega t + 60°) + 10\sin(\omega t - 30°)$

$= 20(\sin \omega t \cos 60° + \cos \omega t \sin 60°) +$

$\quad 10(\sin \omega t \cos 30° - \cos \omega t \sin 30°)$

$= \left(\dfrac{1}{2} \times 20 + \dfrac{\sqrt{3}}{2} \times 10\right)\sin \omega t + \left(\dfrac{\sqrt{3}}{2} \times 20 - \dfrac{1}{2} \times 10\right)\cos \omega t$

$$\approx 18.7\sin \omega t + 12.3\cos \omega t.$$

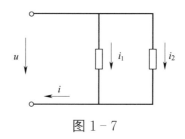

图 1-7

因为 $A=\sqrt{18.7^2+12.3^2}\approx 22.4$，且有

$$\begin{cases} \cos \varphi=\dfrac{18.7}{22.4}\approx 0.834\ 8, \\[2mm] \sin \varphi=\dfrac{12.3}{22.4}\approx 0.549\ 1, \end{cases}$$

解得 $\varphi \approx 33.3°$.

于是

$$i=i_1+i_2=22.4\sin(\omega t+33.3°).$$

提示　1. 本书中，所有以含有变量的算式表示的物理量均省略单位.

2. 由电工学的有关知识可以证明，总电流 i 的表达式等于分电流 i_1 和 i_2 表达式的代数和.

知识巩固 3

1. 把下列各式化为一个正弦型表示式：

(1) $\sqrt{3}\sin x+\cos x$；

(2) $3\sin x-4\cos x$.

2. 在研究交流电路时常常会遇到电流的叠加计算问题. 在一个并联电路中，已知 $i_1=20\sin(\omega t+45°)$，$i_2=10\sin(\omega t+45°)$，求总电流 i.

专业链接　　基尔霍夫定律

1. 基尔霍夫电流定律

基尔霍夫电流定律（KCL），也称为基尔霍夫第一定律，它用来反映电路中任意节点上各支路电流之间的关系. 其内容是：对于电路中的任意节点，在任一时刻，流入该节点的电流总和等于从该点流出的电流总和. 如图1-8a所示，$I=I_1+I_2$，即电源电流的大小等于两个电阻上的电流大小相加.

基尔霍夫电流定律不仅适用于电路中的任意节点，也可推广应用于广义节点，即包围部分电路的任一闭合面. 如图1-8b所示，$I_3=I_1+I_2$，即流入或流出任何一个闭合面的电流的代数和为0.

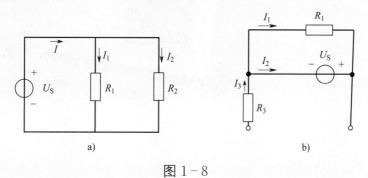

图1-8

2. 基尔霍夫电压定律

基尔霍夫电压定律（KVL），也称为基尔霍夫第二定律，它用来反映电路中各支路电压之间的关系. 其内容为：对于电路中的一个回路，在任一时刻，沿着顺时针方向或逆时针方向绕行一周，各段电压的代数和恒为零.

将交流发电机的三相绕组依次首尾相连，即将绕组的三个首端和三个末端相连接，构成一个闭合的回路，并从连接点处分别引出三根输出线，这种连接方法称为三相电源的三角形连接（图1-9），其代数形式为$\dot{U}_U+\dot{U}_V+\dot{U}_W=0$.

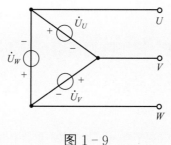

图1-9

1.3　正弦型曲线与正弦量

使用示波器测试正弦信号（图1-10）是电子工程中的一项既基础又重要的工作，可以帮助我们了解信号的频率、幅度、相位等重要参数.

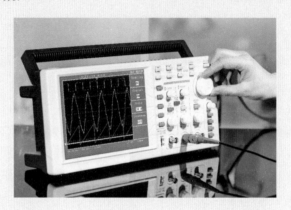

图1-10

现有一工作任务，要求同学们使用示波器探究某个正弦交流电压信号，获取其峰值、频率等数据，并且跟踪记录其在一个周期内的波形，根据测得的波形图试写出电压 u 关于时间 t 的瞬时表达式.

我们知道正弦交流电压瞬时值 u 关于时间 t 的函数为正弦型函数，回顾正弦型函数 $y = A\sin(\omega x + \varphi)$ 作图的五点法，本节我们将进一步研究正弦型函数的图像.

1.3.1　正弦型曲线

一般地，把正弦型函数 $y = A\sin(\omega x + \varphi)$（$A$，$\omega$，$\varphi$ 均为常数）的图像称为正弦型曲线. 正弦型曲线在物理学、电工学和工程技术中应用十分广泛.

为了掌握这类函数的变化特征，我们将讨论常数 A，ω，φ 对函数 $y = A\sin(\omega x + \varphi)$ 图像的影响.

函数 $y=A\sin x$，$A>0$ 的图像

先观察下面的例子.

用五点法作函数 $y=2\sin x$ 和 $y=\dfrac{1}{2}\sin x$ 在一个周期内的图像，

并把它们与 $y=\sin x$ 的图像作比较.

列表及图像（图 1-11）如下：

x	0	$\dfrac{\pi}{2}$	π	$\dfrac{3\pi}{2}$	2π
$y=2\sin x$	0	2	0	-2	0
$y=\dfrac{1}{2}\sin x$	0	$\dfrac{1}{2}$	0	$-\dfrac{1}{2}$	0

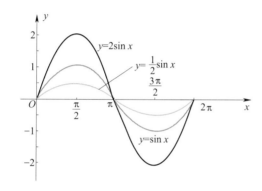

图 1-11

可以看出，函数 $y=A\sin x$（$A>0$）的振幅为 A，周期为 2π，
与 $y=\sin x$ 的图像有如下关系：

$$\boxed{y=\sin x}\ \xrightarrow[\text{横坐标不变}]{\text{纵坐标变为原来的 }A\text{ 倍}}\ \boxed{y=A\sin x}$$

函数 $y=\sin \omega x$，$\omega>0$ 的图像

用五点法作函数 $y=\sin 2x$ 和 $y=\sin \dfrac{1}{2}x$ 在一个周期内的图像，

并把它们与 $y=\sin x$ 的图像作比较.

分别列表及图像（图 1-12）如下：

$2x$	0	$\dfrac{\pi}{2}$	π	$\dfrac{3\pi}{2}$	2π
x	0	$\dfrac{\pi}{4}$	$\dfrac{\pi}{2}$	$\dfrac{3\pi}{4}$	π
$y=\sin 2x$	0	1	0	-1	0

$\frac{1}{2}x$	0	$\frac{\pi}{2}$	π	$\frac{3\pi}{2}$	2π
x	0	π	2π	3π	4π
$y=\sin\frac{1}{2}x$	0	1	0	-1	0

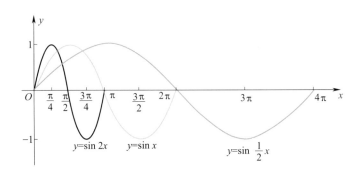

图 1-12

想一想

函数 $y=\sin\omega x$ 的振幅和周期是多少？

可以看出，函数 $y=\sin\omega x$（$\omega>0$）与 $y=\sin x$ 的图像有如下关系：

$$y=\sin x \xrightarrow[\text{纵坐标不变}]{\text{横坐标变为原来的}\frac{1}{\omega}} y=\sin\omega x$$

函数 $y=\sin(x+\varphi)$ 的图像

用五点法作函数 $y=\sin\left(x+\frac{\pi}{3}\right)$ 和 $y=\sin\left(x-\frac{\pi}{4}\right)$ 在一个周期内的图像，并把它们与 $y=\sin x$ 的图像作比较.

分别列表及图像（图 1-13）如下：

$x+\frac{\pi}{3}$	0	$\frac{\pi}{2}$	π	$\frac{3\pi}{2}$	2π
x	$-\frac{\pi}{3}$	$\frac{\pi}{6}$	$\frac{2\pi}{3}$	$\frac{7\pi}{6}$	$\frac{5\pi}{3}$
$y=\sin\left(x+\frac{\pi}{3}\right)$	0	1	0	-1	0

想一想

你能把表格中的空格填完整吗？

$x-\frac{\pi}{4}$	0	$\frac{\pi}{2}$	π	$\frac{3\pi}{2}$	2π
x					
$y=\sin\left(x-\frac{\pi}{4}\right)$	0	1	0	-1	0

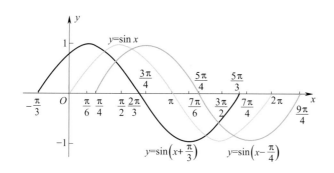

图 1-13

可以看出，函数 $y=\sin(x+\varphi)$ 与 $y=\sin x$ 的图像有如下关系：

$$\boxed{y=\sin x} \xrightarrow[\text{向右}(\varphi<0\text{时})\text{平移}|\varphi|\text{个单位}]{\text{向左}(\varphi>0\text{时})\text{平移}|\varphi|\text{个单位}} \boxed{y=\sin(x+\varphi)}$$

函数 $y=A\sin(\omega x+\varphi)$，$A>0$，$\omega>0$ 的图像

综上所述，函数 $y=A\sin x$，$y=\sin\omega x$ 和 $y=\sin(x+\varphi)$ 的图像都可以由正弦曲线 $y=\sin x$ 分别经过振幅和周期的变换以及起点的平移得到，总结规律如下：

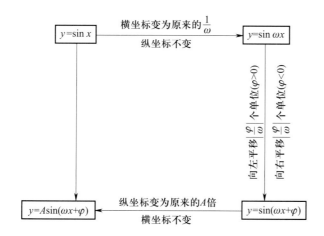

想一想

$y=\sin(x+\varphi)$ 的振幅和周期是多少？

例题解析

例 利用坐标变换的方法，根据 $y=\sin x$ 的图像画出正弦型函数 $y=3\sin\left(2x-\dfrac{\pi}{4}\right)$ 的图像.

解 （1）先把 $y=\sin x$ 图像上所有点的横坐标缩小到原来

的 $\dfrac{1}{2}$，保持纵坐标不变，得到正弦型函数 $y=\sin 2x$ 的图像.

（2）因为 $y=\sin\left(2x-\dfrac{\pi}{4}\right)=\sin 2\left(x-\dfrac{\pi}{8}\right)$，所以把正弦型函数 $y=\sin 2x$ 图像上的所有点向右平移 $\dfrac{\pi}{8}$ 个单位，得到正弦型函数 $y=\sin\left(2x-\dfrac{\pi}{4}\right)$ 的图像.

（3）把正弦型函数 $y=\sin\left(2x-\dfrac{\pi}{4}\right)$ 图像上的所有点的纵坐标扩大到原来的 3 倍，保持横坐标不变，得到正弦型函数 $y=3\sin\left(2x-\dfrac{\pi}{4}\right)$ 的图像.

结果如图 1-14 所示.

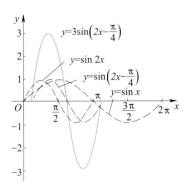

图 1-14

知识巩固 1

1. 写出图像变化后得到的新函数：

（1）把函数 $y=\sin x$ 图像上的所有点的纵坐标变为原来的 3 倍，保持横坐标不变，得到正弦型函数_____的图像；

（2）把函数 $y=\sin x$ 图像上的所有点的横坐标变为原来的 2 倍，保持纵坐标不变，得到正弦型函数_____的图像；

（3）把函数 $y=\sin 3x$ 图像上的所有点_____

_____，得到正弦型函数 $y=\sin\left(3x+\dfrac{\pi}{2}\right)$ 的图像.

2. 用五点法作出下列函数在一个周期内的简图，并指出它们的振幅、周期和起点坐标：

（1）$y = 5\sin\left(\dfrac{1}{2}x + \dfrac{\pi}{4}\right)$；

（2）$y = \dfrac{1}{2}\sin\left(3x - \dfrac{\pi}{4}\right)$.

1.3.2　正弦量

我们日常生产和生活中用的电大部分为交流电. 交流电的电压、电流均为按正弦规律变化的量，例如：

$$u = U_{\mathrm{m}}\sin(\omega t + \varphi_u),$$

$$i = I_{\mathrm{m}}\sin(\omega t + \varphi_i).$$

上式中 u，i 分别称为**正弦电压**、**正弦电流**，统称为**正弦量**.

正弦量的三要素

上述正弦量就是正弦型函数 $y = A\sin(\omega x + \varphi)$ 在电工学中的应用，它们的波形图就是正弦型曲线. 在电工学中，A 称为正弦量的**最大值**（如上式中的 U_{m} 称为电压最大值，I_{m} 称为电流最大值）；$T = \dfrac{2\pi}{\omega}$ 称为正弦量的**周期**$\left(\text{如}\dfrac{2\pi}{\omega}\text{称为正弦交流电压、电流的周期}\right)$；$f = \dfrac{1}{T}$ 称为正弦量的**频率**；$\omega x + \varphi$ 称为**相位**；ω 称为**角频率**；φ 称为初相（如上式中的 φ_u 和 φ_i 分别称为正弦交流电压和电流的初相）.

频率（或周期）、最大值（振幅）和初相称为正弦量的**三要素**.

例题解析

例 1　试求周期 $T = 0.02$ s 的正弦交流电的频率和角频率.

解　频率 $f = \dfrac{1}{T} = 50$ Hz.

角频率 $\omega = 2\pi f = 100\pi$ rad/s.

例 2　已知正弦交流电 i（单位：A）与时间 t（单位：s）的函数关

系为 $i = 30\sin\left(100\pi t - \dfrac{\pi}{4}\right)$，写出电流的最大值、周期、频率和初相.

解　电流 i 的最大值

$$i_{max} = 30 \text{ A}.$$

周期

$$T = \frac{2\pi}{100\pi} = 0.02 \text{ s}.$$

频率

$$f = \frac{1}{T} = \frac{1}{0.02} = 50 \text{ Hz}.$$

初相

$$\varphi = -\frac{\pi}{4}.$$

例3　假设实例考察中，用跟踪示波器测得正弦电压在一个周期内的波形如图 1-15 所示. 试写出 u 的瞬时表达式.

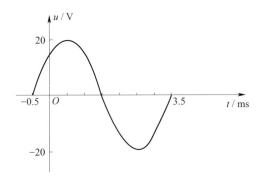

图 1-15

解　设 u 的瞬时表达式 $u = U_m\sin(\omega t + \varphi)$，由图 1-15 可知

（1）周期和角频率

$$T = 3.5 \times 10^{-3} - (-0.5 \times 10^{-3}) = 4 \times 10^{-3} \text{ s},$$

$$\omega = \frac{2\pi}{T} = \frac{2\pi}{4 \times 10^{-3}} = 500\pi \text{ rad/s}.$$

（2）最大值

$$U_m = 20 \text{ V}.$$

（3）初相

因为图像的起点为 $(-0.5, 0)$，即当 $t = -0.5 \times 10^{-3}$ s 时，

$u=0$,所以

$$u=U_\mathrm{m}\sin(-0.5\times10^{-3}\omega+\varphi)=0.$$

由此得$-0.5\times10^{-3}\omega+\varphi=0$，整理得

$$\varphi=-\omega\times(-0.5\times10^{-3})$$

$$=-500\pi\times(-0.5)\times10^{-3}$$

$$=0.25\pi=\frac{\pi}{4}.$$

所以，u 的瞬时表达式为

$$u=20\sin\left(500\pi t+\frac{\pi}{4}\right).$$

提示　做这类题的关键是根据正弦量的波形图找出它的振幅、周期和起点坐标，然后求出相应的三个量 A，ω，φ，即可写出函数表达式.

正弦量的相位差

在正弦交流电中，电压和电流都是同频率的正弦量，分析电路时常常要比较它们的相位.

两个同频率正弦量的相位之差称为**相位差**，用 φ 表示.

设有两个同频率的正弦量为

$$u=U_\mathrm{m}\sin(\omega t+\varphi_u),$$

$$i=I_\mathrm{m}\sin(\omega t+\varphi_i),$$

则 u 与 i 之间的相位差为

$$\varphi=(\omega t+\varphi_u)-(\omega t+\varphi_i)$$

$$=\varphi_u-\varphi_i.$$

可见，两个同频率正弦量的相位差 φ 等于它们的初相之差，其范围为 $|\varphi|\leqslant\pi$.

提示　相位差的存在，表示两个正弦量的变化进程不同.

设有两个同频率的正弦电压 u_1 和 u_2，它们的初相分别为 φ_1

和 φ_2，以此为例介绍两个同频率正弦量相位关系的几种情况：

<table>
<tr><th>相位关系</th><th>图像</th><th>说明</th></tr>
<tr><td>相位差
$\varphi=\varphi_1-\varphi_2=0$</td><td></td><td>两个正弦量的变化进程相同，同增同减，同时达到正弦量的零点和正、负最大值，称 u_1 和 u_2 同相</td></tr>
<tr><td>相位差
$\varphi=\varphi_1-\varphi_2>0$</td><td></td><td>$u_1$ 比 u_2 先达到零值或正的最大值，即 u_1 的变化进程领先于 u_2，称 u_1 比 u_2 在相位上超前一个相位角 φ，或者说 u_2 比 u_1 滞后一个相位角 φ</td></tr>
<tr><td>相位差
$\varphi=\varphi_1-\varphi_2=\pi$</td><td></td><td>$u_1$ 与 u_2 反相</td></tr>
</table>

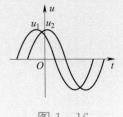
例题解析

例 4 正弦交流电的电动势 $e=380\sqrt{2}\sin(314t+210°)$，电压 $u=220\sqrt{2}\sin 314t$，电流 $i=-4\sin(314t+120°)$，试求：

(1) e 与 u 的相位关系；

(2) u 与 i 的相位关系；

(3) e 与 i 的相位关系.

解 (1) $e=380\sqrt{2}\sin(314t+210°)$

$\qquad\quad =380\sqrt{2}\sin(314t+210°-360°)$

$\qquad\quad =380\sqrt{2}\sin(314t-150°).$

相位差 $\varphi_{eu}=\varphi_e-\varphi_u=-150°-0°=-150°$，表明 e 比 u 滞后 $150°$.

（2） $i=-4\sin(314t+120°)$

$\qquad =4\sin(314t+120°-180°)$

$\qquad =4\sin(314t-60°)$.

相位差 $\varphi_{ui}=\varphi_u-\varphi_i=0°-(-60)°=60°$，表明 u 比 i 超前 $60°$.

（3）相位差 $\varphi_{ei}=\varphi_e-\varphi_i=-150°-(-60)°=-90°$，表明 e 比 i 滞后 $90°$.

知识巩固 2

1. 已知某电台广播的频率是 610 kHz，试求它的周期和角频率.

2. 有一正弦电压 $u=220\sin\left(100\pi t+\dfrac{\pi}{3}\right)$，则电压的最大值为 _____，角频率为 _____，周期为 _____，频率为 _____，初相为 _____，当 $t=0.01$ s 时电压瞬时值为 _____.

3. 如图 1-17 所示，已知正弦交流电的电流强度 i 在一个周期内的图像，求 i 的瞬时表达式.

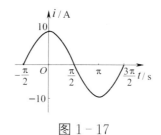

图 1-17

4. 计算下列各正弦波的相位差：

（1） $u_1=4\sin(60t+10°)$ 和 $u_2=8\sin(60t-100°)$；

（2） $u=-3\sin(20t+45°)$ 和 $i=4\sin(20t+270°)$.

5. 电路中有两个并联的用电器 X_1 和 X_2，其中的电流分别是 $i_1=\sqrt{3}\sin\left(100\pi t+\dfrac{\pi}{3}\right)$，$i_2=\sin\left(100\pi t-\dfrac{\pi}{6}\right)$，求电路中的总电流 i 及其频率和初相.

拓展内容

1.4 解三角形及其应用

实例考察

如图 1-18 所示，梯长为 6 m. 要想使人安全地攀上斜靠在墙面上的梯子的顶端，梯子与地面所成的角 α 一般要满足 $50° \leqslant \alpha \leqslant 75°$.

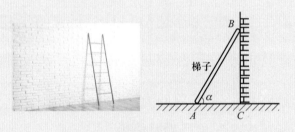

图 1-18

问题一　使用这个梯子最高可以安全攀上多高的墙（要求梯子的顶端靠在墙面的顶端）？

问题二　当梯子底端距离墙面 2.4 m 时，梯子与地面所成的角 α 等于多少？这时人能否安全使用这个梯子？

问题一中，当梯子与地面所成的角为 75° 时，梯子顶端与地面的距离是使用这个梯子所能攀到的最大高度. 问题一可归结为：在直角三角形 ABC 中，已知 $\angle A = 75°$，斜边 $AB = 6$，求 $\angle A$ 的对边 BC 的长.

问题二中，当梯子底端距离墙面 2.4 m 时，求梯子与地面所成的角 α，可归结为：在直角三角形 ABC 中，已知 $AC = 2.4$，斜边 $AB = 6$，求锐角 α 的度数.

在生产和生活中，我们经常会遇到解三角形的问题. 我们知道，三角形的三个角和三条边是三角形的六个元素，由已知的三个元素求另外三个元素的过程，称为**解三角形**. 下面我们先来复习初中学过的解直角三角形.

如图 1–19 所示, 在直角三角形 ABC 中, $\angle C = 90°$, 则六个基本元素之间的关系为:

(1) 锐角之间的关系: $\angle A + \angle B = $ _____;

(2) 三边之间的关系 (勾股定理): _____;

(3) 边角之间的关系: $\sin A = \dfrac{a}{c}$, $\sin B = \dfrac{b}{c}$, $\cos A = \dfrac{b}{c}$,

$\cos B = \dfrac{a}{c}$, $\tan A = \dfrac{a}{b}$, $\tan B = \dfrac{b}{a}$.

边角关系还可以写成:

$$\frac{a}{\sin A} = \frac{b}{\sin B} = c.$$

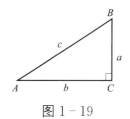

图 1–19

又因为 $\sin C = \sin 90° = 1$, 所以有

$$\frac{a}{\sin A} = \frac{b}{\sin B} = \frac{c}{\sin C}.$$

由于直角三角形自身的特殊性质, 解直角三角形相对简单, 但这也是解任意三角形的基础.

在直角三角形中, 除直角以外的五个元素, 知道其中两个元素 (至少有一条边), 便能解直角三角形, 类型如下:

	已知条件	图形	解法
两边	两直角边 (a, b)		由 $c = \sqrt{a^2 + b^2}$ 得 c 由 $\sin A = \dfrac{a}{c}$ 得 $\angle A$ 由 $\angle B = 90° - \angle A$ 得 $\angle B$
	一条直角边和斜边 (a, c)		由 $\sin A = \dfrac{a}{c}$ 得 $\angle A$ 由 $\angle B = 90° - \angle A$ 得 $\angle B$ 由 $b = \sqrt{c^2 - a^2}$ 得 b
一边一角	斜边和一个锐角 $(c, \angle A)$		
	直角边和一个锐角 $(a, \angle A)$		

试一试

请将左表补充完整, 并尝试使用其他解法解.

例题解析

例1 在直角三角形 ABC 中，$\angle C = 90°$，斜边 $AB = 6$.

(1) 已知 $\angle A = 75°$，求 $\angle A$ 的对边 BC 的长（精确到 0.1）.

(2) 已知 $AC = 2.4$，求 $\angle A$ 的度数（精确到 1°）.

解 (1) 由 $\sin A = \dfrac{a}{c}$，得

$$BC = a = c\sin A = 6 \times \frac{\sqrt{6}+\sqrt{2}}{4} \approx 5.8.$$

(2) 由 $\cos A = \dfrac{b}{c} = \dfrac{2.4}{6} = 0.4$，得 $\angle A \approx 66°$.

实例考察问题一中，使用 6 m 的梯子在保证安全的前提下，最高能爬上约 5.8 m 高的墙. 问题二中，梯子与地面所成的角约为 66°，大于 50°，小于 75°，因此可以安全使用该梯子.

例2 在直角三角形 ABC 中，$\angle C = 90°$，$\angle B = 60°$，$b = 3$，解这个直角三角形.

解 $\angle A = 90° - 60° = 30°$.

$$a = b\tan A = 3\tan 30° = 3 \times \frac{\sqrt{3}}{3} = \sqrt{3}.$$

$$c = \sqrt{a^2 + b^2} = \sqrt{(\sqrt{3})^2 + 3^2} = 2\sqrt{3}.$$

例3 学校操场里有一个旗杆，小丽站在离旗杆底部 8 m 的 D 处，仰视旗杆顶端 A，仰角为 45°，俯视旗杆底端 B，俯角为 15°. 求旗杆的高度（精确到 0.1 m）.

解 由图 1-20 可知 $CE = BD = 8$ m.

在直角三角 ACE 中，

$$AC = CE \cdot \tan 45° = 8 \text{ m}.$$

在直角三角形 BCE 中，

$$CB = CE \cdot \tan 15° \approx 2.1 \text{ m}.$$

所以 $AB = AC + CB \approx 10.1$ m.

即旗杆高度约为 10.1 m.

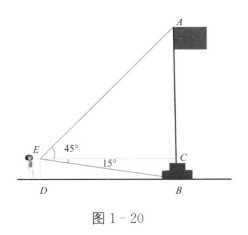

图 1 - 20

电能的利用改变了世界. 其实, 发电厂生产的电能并没有全部得到有效利用: 只有输出的电能得到了有效的利用, 不能输出的部分则不能产生效率. 我们把能得到有效利用的电能称为**有功电能**, 不能得到有效利用的电能称为**无功电能**, 发电厂产生的电能、有功电能和无功电能之间满足勾股定理:

$$A^2 = A_P^2 + A_Q^2.$$

其中, A 表示发电机产生的电能, A_P 表示有功电能, A_Q 表示无功电能.

事实上, 勾股定理在电学中有着广泛的应用.

比如, 三相异步电动机的绕组是电阻电感串联交流电路. 在这样的电路中, 电阻 R、感抗 X_L 和阻抗 Z 三者之间满足直角三角形的勾股定理. 如图 1 - 21a 所示, 直角三角形的斜边与阻抗 Z 对应; 角 φ 的邻边与电阻 R 对应; 角 φ 的对边与感抗 X_L 对应; 角 φ 是阻抗与电阻之间的夹角, 称为**阻抗角**. 我们把电阻 R、感抗 X_L 和阻抗 Z 组成的直角三角形称为**阻抗三角形**, 满足:

$$Z^2 = R^2 + X_L^2.$$

根据欧姆定律, 电阻 R、感抗 X_L 和阻抗 Z 乘以电流 I, 可得相应的电压 $U_R = IR$, $U_L = IX_L$ 和 $U = IZ$, 如图 1 - 21b 所示. 我们把 U_R, U_L 和 U 组成的直角三角形称为**电压三角形**, 满足:

$$U^2 = U_R^2 + U_L^2.$$

显然, 阻抗三角形与电压三角形是两个相似的直角三角形.

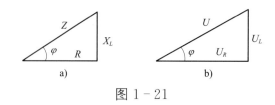

图 1 – 21

例题解析

例 4　已知某三相异步电动机每相的电阻为 6 Ω，感抗为 8 Ω，加在每相绕组的相电压为 200 V. 求电动机每相绕组流过的电流.

解　因为每相绕组的阻抗为

$$Z = \sqrt{R^2 + X_L^2} = \sqrt{6^2 + 8^2} = 10 \ \Omega.$$

所以，电动机每相绕组流过的电流

$$I = \frac{U}{Z} = \frac{220}{10} = 22 \ A.$$

知识巩固

1. 在直角三角形 ABC 中，$\angle C = 90°$.

（1）已知 $b = 8$，$c = 16$，求 a，$\angle A$，$\angle B$.

（2）已知 $c = 20$，$\angle A = 45°$，求 a，b，$\angle B$.

（3）已知 $\angle A = 60°$，$a = 30$，求 b，c，$\angle B$.

2. 在直角三角形 ABC 中，$\angle C = 90°$，$CD \perp AB$ 于 D，已知 $\angle B = 35°$，$AB - CD = 10$，求 BC（精确到 0.1）.

3. 在 RL 串联正弦交流电路中，已知电阻 $R = 6$ Ω，阻抗 $Z = 10$ Ω，则感抗 X_L 为多少？如果电感上的电压 $U_L = 16$ V，则电路中的总电压 U，电阻上的电压 U_R 各为多少？

数学与生活

　　平常，你上楼的时候是否觉得有的楼梯较陡，有的楼梯平缓（图1-22）？如果你走过石台阶山路，那么这种感觉就会更深刻．十八盘（图1-23）是泰山登山路中最险要的一段，共有石台阶1 600余级，为泰山的主要景点之一．

图1-22

图1-23

　　从生活经验可知，竖直面越高、水平面越短的台阶越陡．

　　如果设台阶的倾斜角为α，各级台阶的水平面宽为b，竖直面高为h，则

$$\tan\alpha=\frac{h}{b}.$$

　　当h越大，b越小时，$\tan\alpha$就越大，从而角α（锐角）就越大，即台阶就越陡．

　　图1-24所示为泰山十八盘某段台阶的侧面图．已知b为12 cm，h为25 cm，我们可以通过计算$\tan\alpha$求出角α．

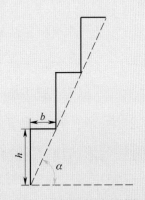

图1-24　某段台阶的侧面图

我们知道，$\tan \alpha = \dfrac{h}{b} = \dfrac{25}{12} \approx 2.0833$. 由此，问题转化为"什么角的正切值等于 2.0833". 我们前面遇到的问题多是已知角的大小求三角函数值，这个问题正好相反，但也可以用计算器解决.

计算器显示状态	按键顺序	显示结果
D	SHIFT tan⁻¹ 2.0833 =	64.35863654

仿照上面的计算方法，通过实地测量，请计算出学校某一教学楼台阶角度的近似值.

综合拓展

正弦定理和余弦定理

把斜三角形（锐角三角形或钝角三角形）分成两个直角三角形来研究，是解任意三角形的基本方法. 运用它可得到表示任意三角形边角关系的两组基本等式——正弦定理和余弦定理.

正弦定理

$$\frac{a}{\sin A} = \frac{b}{\sin B} = \frac{c}{\sin C}.$$

余弦定理

$$a^2 = b^2 + c^2 - 2bc \cos A,$$
$$b^2 = a^2 + c^2 - 2ac \cos B,$$
$$c^2 = a^2 + b^2 - 2ab \cos C.$$

如图 1-25 所示，在三角形 ABC 中，CD 为 AB 边上的高. 图 1-25a 中的三角形 ABC 是锐角三角形，图 1-25b 中的三角形 ABC 是钝角三角形.

1. 请你利用图 1-25，证明正弦定理和余弦定理.

2. 请你验证在直角三角形 ABC 中，正弦定理和余弦定理的正确性.

3. 解任意三角形的问题，按已知条件可以归纳为以下几种类型（括号中为某一类型的示例）. 请根据不同的已知条件写出解法：

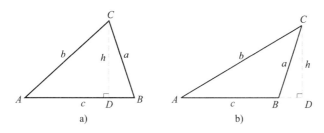

a)　　　　　　　b)

图 1 - 25

	已知	图形	解法
三边	三边 $(a，b，c)$		
两边和一角	两边夹一角 $(a，b，\angle C)$		
	两边一对角 $(b，c，\angle C)$		
一边和两角	两角夹一边 $(\angle B，\angle C，a)$		
	两角一对边 $(\angle B，\angle C，b)$		

本章小结

　　本章我们学习了利用诱导公式由已知三角函数的正弦、余弦值求角，利用两角和与差的正弦、余弦公式进行有关的计算；通过讨论 A，ω，φ 这三个常数对正弦型曲线的影响，得到正弦型曲线的振幅变换、周期变换、起点变换这三个基本变换的过程，进一步巩固了正弦型函数作图的五点法. 正弦电压，正弦电流统称为正弦量，它是正弦型函数在电工学中的应用，频率（周期）、最大值（振幅）和初相称为正弦量的三要素，两个同频率正弦量的相位之差称为相位差，即它们的初相之差. 本章的最后学习了解直角三角形的一般方法以其在生活中和电工学上的广泛应用.

　　学习本章时我们要注意三角函数知识与专业内容的融合，比如，利用正弦、余弦公式对电工学中的同频率正弦量的叠加计算，正弦型曲线与交流电的关系，计算同频率正弦量的相位差，勾股定理在三相异步电动机的绕组电路中的应用等.

　　请根据本章所学知识，将框图补充完整.

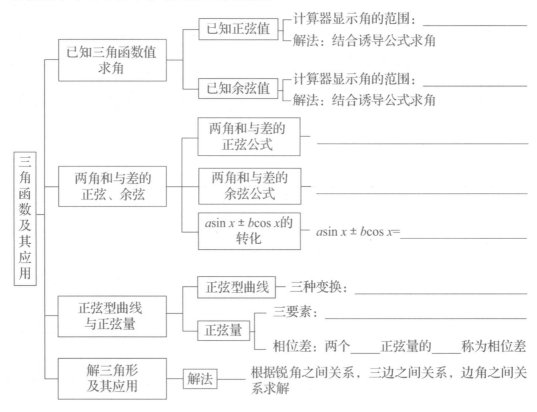

探索中国

北斗导航测量珠峰高度

珠穆朗玛峰作为世界最高峰，自古以来就是探险家、科学家和测绘专家关注的焦点．如何准确测量珠峰的高度是一个长期的挑战，自 19 世纪 50 年代以来，珠峰的高度经历了多次修正，而最新一次高度测量，正是借助了中国自主研发的北斗卫星导航系统，开创了高精度测量的新篇章．

在历史上，测量高山高度最常见方法的是三角测量法．这种方法基于三角形的几何性质，通过测量角度和距离来推算物体的高度．例如，假设观测者站在距离山顶一定距离的地点，通过从地面观测山顶的仰角和与山的距离，可以使用三角函数计算出山的高度（图 1–26）．这一方法的核心在于直角三角形中的正切函数关系：

$$\tan \theta = \frac{h}{d}.$$

其中，θ 是观测者看到山顶时的仰角，h 是山的高度，d 是观测者与山的水平距离．通过这种方式，可以较为精确地计算出高山的高度

$$h = d \tan \theta.$$

图 1–26

在珠峰测量中，北斗系统发挥了关键作用．2020 年，中国珠峰测量队再次攀登珠穆朗玛峰，进行高度测量工作．这次测量过程中，珠峰顶端的测量员携带北斗系统接收器，通过卫星定位，精确测量了珠峰顶端的海拔高度．同时，在珠峰不同位置的测量点，地面团队通过对卫星信号的监测，结合三角测量原理进行数据校准，最终得出了最新的珠峰高度——8 848.86 m．借助北斗系统，三角学不再局限于地面测量，而是拓展到了太空，并极大提升了数据的精确性和测量的效率．在北斗系统测量珠峰的过程中，接收器与多颗卫星之间形成的几何关系，也可以理解为多个空间中的三角形．通过分析这些卫星信号的传输路径和时间，利用三角函数原理，测量员能够精确计算出珠峰顶端的空间坐标．

中国在三角学和导航技术领域的成就，展示了数学知识与现代科技的完美结合．三角学的应用不仅帮助我们了解世界，更为我们探索宇宙和未来提供了强大的支持．在未来，随着数学理论的进一步发展和科技的进步，中国必将在更多领域中继续引领创新，将三角学的力量延伸至更广阔的未知世界．

第2章

复数

　　在数学的浩瀚星河中，数系的发展经历了从自然数到整数，再到有理数和无理数的历程．每一次数系的扩充，都极大地丰富了数学的内涵，推动了科学的进步．虚无缥缈的"虚数"与实数结合后形成的复数，蕴含着深刻的数学真理和广泛的应用前景．

　　复数通过简单的形式 $i^2=-1$，打破了实数系的界限，进一步揭开了数学的奥秘．在本章中，我们将从复数的定义出发，逐步深入探讨复数的性质、运算规则以及几何意义．我们将学习如何在复平面上表示复数，如何利用复数的四则运算解决实际问题，以及复数在物理、工程等领域中的广泛应用．通过一系列生动有趣的例子和深入浅出的讲解，聆听虚与实的交响乐章，感受数学之美．

学习目标

1. 理解符号 i 的几何意义，理解复数及有关概念.

2. 能用复平面上的点和向量（有向线段）表示复数；理解复数的模和共轭复数等概念.

3. 了解复数的三角形式，会进行代数形式与三角形式的互化.

4. 掌握复数的加减运算，了解复数加减运算的几何意义.

5. 会在复数范围内解实系数一元二次方程.

6. 会进行复数代数形式和三角形式的乘除运算，了解复数乘法的几何意义.

7. 了解复数的极坐标形式和指数形式，会进行复数的极坐标形式和指数形式的乘除运算.

8. 会用相量表示对应的正弦量.

知识回顾

实数与方程的基础知识

实数　有理数和无理数统称为实数. 有理数可以表示为两个整数的比值，无理数则不能；实数与数轴上的点有一一对应关系.

平方根　若 $x^2 = a(a \geqslant 0)$，则称 x 为 a 的平方根（二次方根），即 $x = \pm \sqrt{a}$. 例如，1 的平方根是 ±1.

分式　如果 A，B 是两个整式，并且 B 中含有字母，那么式子 $\dfrac{A}{B}(B \neq 0)$ 就叫做分式，其中 A 为分子，B 为分母.

一元二次方程　一元二次方程是只含有一个未知数，且未知数的最高次是 2 的整式方程，一般形式为 $ax^2 + bx + c = 0(a，b，c$ 为常数，且 $a \neq 0)$；一元二次方程的常用解法有：直接开平方法、因式分解法、公式法和配方法等.

2.1 复数的概念

实例考察

我们知道 $-1-1=-2$，$(-1)\times(-1)=1$. 这样的算式虽然简单，但比较抽象. 下面给出一个几何模型，可赋予上述算式直观的几何意义.

$-1-1$ 可以写成 $(-1)+(-1)$. 在图 2-1 所示数轴上可看作向负方向走一步，再向负方向走一步，就得到了 -2，即 $-1-1=-2$. 这样，加法可以看成是平动的合成.

如图 2-2 所示，$(-1)\times(-1)$ 可看作先逆时针转 $180°$，再逆时针转 $180°$，即逆时针转 $360°$，结果回到原位，也就是等于 1，即 $(-1)\times(-1)=(-1)^2=1$. 这样，乘法可以看作具有旋转的功能. 具体地说，可以将乘 -1 看作逆时针转 $180°$.

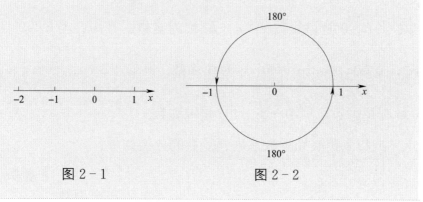

图 2-1　　　　　图 2-2

2.1.1 复数与复数集

如图 2-3 所示，我们可以把逆时针转 $180°$ 看成是先逆时针转一半（$90°$），再逆时针转一半（$90°$）. 仿照将乘 -1 看作逆时针转 $180°$ 的方式，我们引入符号 i，将乘 i 看作逆时针转 $90°$. 这样，两次乘 i 就逆时针转了 $180°$，相当于乘 -1. 即

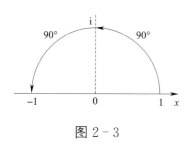

图 2-3

$$i \times i = i^2 = -1.$$

因此，i 是 -1 的一个平方根. 需要说明的是，i 不是实数，也不表示具体的数量，称为**虚数单位**.

有了虚数单位 i，任何负数都能开方. 例如，由

$$(\pm 2i)^2 = (\pm 2)^2 \cdot i^2 = -4$$

得到 -4 的平方根为 $\pm 2i$.

一般地，将 $a + bi(a, b \in \mathbf{R})$ 这类数称为**复数**，常用字母 z 表示，即

$$z = a + bi(a, b \in \mathbf{R}).$$

其中，a 称为复数 z 的**实部**，b 称为复数 z 的**虚部**.

全体复数组成的集合称为**复数集**，用字母 $\mathbf{C}$ 表示，即

$$\mathbf{C} = \{z \mid z = a + bi,\ a,\ b \in \mathbf{R}\}.$$

复数 z 表示成 $a + bi(a, b \in \mathbf{R})$ 的形式称为复数的代数形式. 规定：$0 + 0i = 0$，$0 + bi = bi$. 当 $b = 0$ 时，复数 $z = a + bi = a$ 称为**实数**. 当 $b \neq 0$ 时，复数 $z = a + bi$ 称为**虚数**，其中，当 $a = 0$ 且 $b \neq 0$ 时，复数 $z = a + bi = bi$ 称为**纯虚数**. 例如，$2 + i$，$\frac{1}{3} - \frac{1}{2}i$，$-2i$，$\sqrt{3}i$ 都是虚数，其中 $-2i$，$\sqrt{3}i$ 是纯虚数.

把数系扩展到复数系后，复数的分类如下：

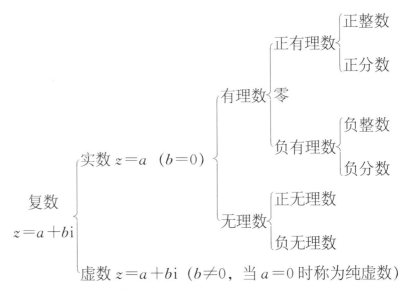

如果两个复数的实部相等，且虚部也相等，那么我们就说这**两**

个复数相等，即若 a，b，c，$d \in \mathbf{R}$，则

$$a+b\mathrm{i}=c+d\mathrm{i} \Leftrightarrow \begin{cases} a=c, \\ b=d. \end{cases}$$

如果两个复数都是实数，我们知道它们可以比较大小；如果两个复数不都是实数，即至少有一个不是实数，那么它们只有相等与不相等两种关系，而不能比较大小．例如，$2\mathrm{i}$ 与 2 不能比较大小．

提示 在本章中，字母 i 均表示虚数单位．对于复数 $z=a+b\mathrm{i}$，以后不作特殊说明时，都有 a，$b \in \mathbf{R}$．

例题解析

例 1 指出下列各数中哪些是实数，哪些是虚数，哪些是纯虚数，并分别指出它们的实部与虚部：

$$3-3\mathrm{i}, \ \sqrt{5}, \ 4\mathrm{i}^2, \ (6+\sqrt{3})\mathrm{i}.$$

解 $\sqrt{5}$，$4\mathrm{i}^2=-4$ 是实数；$3-3\mathrm{i}$，$(6+\sqrt{3})\mathrm{i}$ 是虚数；$(6+\sqrt{3})\mathrm{i}$ 是纯虚数．

它们的实部与虚部如下表：

复数	实部	虚部
$3-3\mathrm{i}$	3	-3
$\sqrt{5}$	$\sqrt{5}$	0
$4\mathrm{i}^2$	-4	0
$(6+\sqrt{3})\mathrm{i}$	0	$6+\sqrt{3}$

提示 含有 i 的表达式不一定都是虚数，只有当 $a+b\mathrm{i}$ 中的 $b \neq 0$ 时，它才是虚数．因此，要将任意给出的表达式化成 $a+b\mathrm{i}$ 的形式后才能进行判断．例如 i^2（等于 -1）含有 i，但不是虚数．

例 2 当实数 m 取何值时，复数 $z=m^2-m-2+(m+1)\mathrm{i}$ 是：

(1) 实数；　　　　(2) 虚数；　　　　(3) 纯虚数．

解 (1) 当 $m+1=0$，即 $m=-1$ 时，复数 $z=0$ 是实数．

(2) 当 $m+1 \neq 0$，即 $m \neq -1$ 时，复数 z 是虚数．

(3) 当 $\begin{cases} m^2-m-2=0, \\ m+1\neq 0, \end{cases}$ 即 $m=2$ 时，复数 $z=3\mathrm{i}$ 是纯虚数.

例3 已知 $(3x+2y)+\mathrm{i}=y+(2-y)\mathrm{i}$，求实数 x 和 y 的值.

解 根据复数相等的规定，得方程组

$$\begin{cases} 3x+2y=y, \\ 1=2-y. \end{cases}$$

解得 $x=-\dfrac{1}{3}$，$y=1$.

知识巩固 1

1. 判断下列各数中哪些是实数，哪些是虚数，哪些是纯虚数，并在下表中填写其实部与虚部：

$$3\mathrm{i},\quad -\frac{15}{4}+3\mathrm{i},\quad (\sqrt{6}-3)\mathrm{i},\quad -4\mathrm{i}^2.$$

复数	实部	虚部	复数	实部	虚部
$3\mathrm{i}$			$(\sqrt{6}-3)\mathrm{i}$		
$-\dfrac{15}{4}+3\mathrm{i}$			$-4\mathrm{i}^2$		

2. 当实数 m 取何值时，复数 $z=m+4+(m-1)\mathrm{i}$ 是：

(1) 实数；　　　　(2) 虚数；　　　　(3) 纯虚数.

3. 求适合下列各方程的实数 x 和 y 的值：

(1) $(3-4x)+(2+3y)\mathrm{i}=0$；

(2) $(x+y)-(x+1)\mathrm{i}=5-4\mathrm{i}$.

2.1.2　复平面及相关概念

复平面

任何一个复数 $z=a+b\mathrm{i}$ 对应一个有序实数对 $(a，b)$；反之，

任何一个有序实数对(a, b)对应一个复数$z=a+bi$. 例如:

$$3-2i \quad\quad \leftrightarrow \quad\quad (3, -2)$$
$$-1+5i \quad\quad \leftrightarrow \quad\quad (-1, 5)$$
$$3i \quad\quad \leftrightarrow \quad\quad (0, 3)$$
$$-4 \quad\quad \leftrightarrow \quad\quad (-4, 0)$$

由于有序实数对(a, b)与平面直角坐标系中的点$Z(a, b)$是一一对应的，因此可以借用平面直角坐标系中的点$Z(a, b)$来表示复数$z=a+bi$，也可以用复数$z=a+bi$来描述平面直角坐标系中的点$Z(a, b)$.

如图 2-4 所示，点Z的横坐标是a，纵坐标是b，它表示复数$z=a+bi$. 我们把这种建立了直角坐标系用来表示复数的平面称为**复平面**. 这时，x轴称为**实轴**，y轴除去原点的部分称为**虚轴**. 显然，实轴上的点都表示实数，虚轴上的点都表示纯虚数.

高斯（1777—1855），德国数学家、物理学家、天文学家. 他在 1831 年提出了复平面的概念.

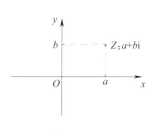

图 2-4

按照这种表示方法，任意一个复数，都有复平面上唯一确定的一个点与它对应；反过来，复平面上任意一个点，也都有唯一确定的一个复数与它对应. 由此可知，复数集 **C** 与复平面上所有的点组成的集合是一一对应的.

例如，复数 1 对应复平面上的点$(1, 0)$，复数$4-2i$对应复平面上的点$(4, -2)$；反之，在复平面上，原点$(0, 0)$表示实数 0，点$(0, -1)$表示纯虚数$-i$；点$(-1, -1)$表示虚数$-1-i$.

例题解析

例1 在复平面上分别描出表示下列复数的点：

(1) $z_1=2-3i$;   (2) $z_2=\sqrt{5}i$;

(3) $z_3=-3$;   (4) $z_4=-1+3i$.

解 如图 2-5 所示：

(1) $z_1=2-3i$用点$A(2, -3)$表示.

(2) $z_2=\sqrt{5}i$用点$B(0, \sqrt{5})$表示.

(3) $z_3 = -3$ 用点 $C(-3, 0)$ 表示.

(4) $z_4 = -1 + 3i$ 用点 $D(-1, 3)$ 表示.

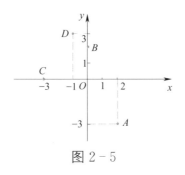

图 2 - 5

观察下面两对复数:

- $z_1 = 3 + i$ 与 $z_2 = 3 - i$;

- $z_1 = -1 + 2i$ 与 $z_2 = -1 - 2i$.

可以发现,第一对复数 $z_1 = 3 + i$ 与 $z_2 = 3 - i$ 的实部相等,虚部互为相反数,如图 2 - 6a 所示,它们所对应的点 A 与 B 关于实轴对称;第二对复数 $z_1 = -1 + 2i$ 与 $z_2 = -1 - 2i$ 和第一对复数具有相同的特征 (图 2 - 6b).

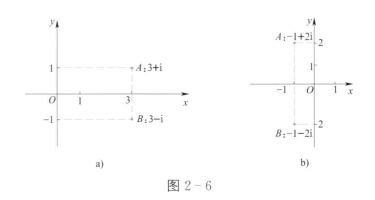

图 2 - 6

一般地,称复数 $a - bi$ 为 $z = a + bi$ 的**共轭复数**,用 $\overline{z}$ 表示,读作"z 的共轭复数",即

$$\overline{z} = a - bi.$$

提示   虚数 $z = a + bi (b \neq 0)$ 与 $\overline{z} = a - bi$ 互为共轭虚数.

例如，复数 $3+i$ 的共轭复数是 $3-i$，纯虚数 i 的共轭复数是 $-i$，实数 5 的共轭复数是 5.

互为共轭复数的两个复数 $z=a+bi$ 与 $\bar{z}=a-bi$ 所对应的点 $Z(a，b)$ 与点 $Z'(a，-b)$ 关于实轴对称，如图 $2-7$ 所示.

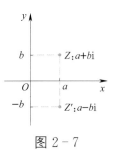

图 $2-7$

想一想

根据共轭复数的定义，对于任意实数 a，它的共轭复数是什么？

▶ 例题解析

例2　已知 $z=(2x-3)+(3y+1)i$，$\bar{z}=(y-2)+(3x-4)i$，求实数 $x，y$ 的值.

解　由共轭复数的概念，可得如下方程组

$$\begin{cases} 2x-3=y-2, \\ 3y+1=-(3x-4). \end{cases}$$

解方程组，得

$$x=\frac{2}{3}，y=\frac{1}{3}.$$

▶ 知识巩固 2

1. 在复平面上分别描出表示下列复数的点：

(1) $2+5i$;　(2) $-3+2i$;　(3) $3-2i$;　(4) $-2i-4$;

(5) 3;　　(6) $-3+i$;　(7) $4i$;　　(8) -2.

2. 如果复数 $(4x-3y)+(3x+2y)i$ 是 $12-15i$ 的共轭复数，求实数 x 和 y 的值.

3. 若 $z=(x+2)+(2x-3y-5)i$，$\bar{z}=(4-y)+(x+4y+9)i$，求实数 $x，y$ 的值.

用向量表示复数

如图 $2-8$ 所示，设任意一个复数 $z=a+bi$ 在复平面上所对应的点为 $Z(a，b)$. 连接 OZ，显然点 Z 可以唯一确定一个有向线段（规定了起点和终点的线段）$\overrightarrow{OZ}$. 习惯上，把有向线段 $\overrightarrow{OZ}$ 称为向量

$\overrightarrow{OZ}$ (物理学中也称为矢量)；反过来，任意一个向量 $\overrightarrow{OZ}$ 也可以唯一确定一个点 $Z(a,b)$. 由此可知，点 Z 与向量 $\overrightarrow{OZ}$ 一一对应. 因此，复数 $z=a+bi$ 与向量 $\overrightarrow{OZ}$ 也是一一对应的，即复数集 **C** 中的元素与复平面内所有以原点 O 为起点的向量组成的集合中的

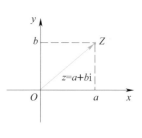

图 2 - 8

元素是一一对应的. 根据这一结论，我们可以用向量 $\overrightarrow{OZ}$ 表示复数 $z=a+bi$. 通常规定：**相等的向量表示同一个复数**.

想一想

复数的模可能小于 0 吗？

提示　在复平面内用点或向量表示复数的形式称为复数的几何形式. 复数的代数表示与几何表示是一一对应的，即

$$复数\, z=a+bi$$
$$点\, z(a,\ b)\longleftrightarrow 向量\overrightarrow{OZ}$$

向量 $\overrightarrow{OZ}$ 的大小 (有向线段 $\overrightarrow{OZ}$ 的长度) 称为复数 $z=a+bi$ 的**模** (或**绝对值**)，记作 $|z|$ 或 $|a+bi|$. 由模的定义可知：

$$|z|=|a+bi|=\sqrt{a^2+b^2}.$$

特别地，当虚部为零，即复数 $z=a+bi=a$ 是实数时，它的模等于 $|a|$，就是实数 a 的绝对值；当复数 $z=0$ 时，它的模等于 0.

例题解析

例3　用向量表示复数 $z_1=3i$，$z_2=-2$，$z_3=3+4i$，并分别求出它们的模.

解　如图 2 - 9 所示，向量 $\overrightarrow{OA}$，$\overrightarrow{OB}$，$\overrightarrow{OC}$ 分别表示复数 z_1，z_2，z_3.

它们的模分别是

$$|z_1|=|3i|=\sqrt{0^2+3^3}=3,$$
$$|z_2|=|-2|=\sqrt{(-2)^2+0^2}=2,$$
$$|z_3|=|3+4i|=\sqrt{3^2+4^3}=5.$$

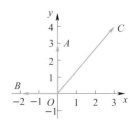

图 2 - 9

1. 在复平面上，用向量表示下列复数，并分别求出它们的模：

(1) $3+2i$；　　　　(2) $-4+5i$；　　　　(3) $2-4i$；

(4) $-3-2i$；　　　　(5) 5；　　　　(6) $-4i$.

2. 在复平面上，将一对共轭复数 $z=2+3i$ 与 $\bar{z}=2-3i$ 用向量表示出来，计算它们的模，并讨论下列问题：

(1) 它们所对应的向量有何特点？

(2) 如果推广到任意一对共轭复数 $z=a+bi$ 与 $\bar{z}=a-bi$，它们的模和它们在复平面上所对应的向量有何特点？

复数的辐角与辐角主值

设复数 $z=a+bi$ 对应于向量 $\overrightarrow{OZ}$，以实轴的正半轴为始边，向量 $\overrightarrow{OZ}$ 为终边的角 θ，称为复数 $z=a+bi$ 的辐角，用 $\arg z$ 表示. 它表示向量 $\overrightarrow{OZ}$ 的方向.

显然非零复数 $z=a+bi$ 的辐角不是唯一的. 若 θ 是复数的一个辐角，则 $2k\pi+\theta$ $(k\in\mathbf{Z})$ 也是复数 $z=a+bi$ 的辐角，即

$$\arg z=2k\pi+\theta\ (k\in\mathbf{Z}).$$

提示 辐角的单位既可以是度，也可以是弧度. 复数 0 对应的向量是零向量，它的模为 0，辐角是任意的.

我们把 $[0,2\pi)$ 范围内的辐角 θ 的值称为辐角的主值，记作 $\arg z$，即 $0\leqslant\arg z<2\pi$，如图 $2-10$ 所示.

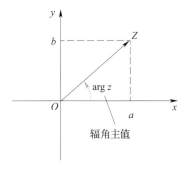

图 $2-10$

例如，$\arg 1 = 0$，$\arg i = \dfrac{\pi}{2}$，$\arg(-1) = \pi$，$\arg(-i) = \dfrac{3\pi}{2}$．

每一个非零复数 $z = a + bi$ 都有唯一的模和辐角的主值，并且可由它的模和辐角的主值唯一确定，由此有：两个非零复数相等 $\Leftrightarrow$ 它们的模和辐角主值分别相等．

提示 在电工学中，辐角的主值一般在 $(-\pi, \pi]$ 取得．

由任意角的三角函数定义可知，若已知角 θ 终边上一点 Z 的坐标为 (a, b)，则

$$\tan \theta = \dfrac{b}{a} \quad (a \neq 0).$$

从而可以确定复数 $z = a + bi$ $(a \neq 0)$ 的辐角 θ．角 θ 所在的象限就是复数 $z = a + bi$ 所对应的点 $Z(a, b)$ 所在的象限．

例题解析

例4 求下列各复数的辐角主值：

(1) $z = 3 - \sqrt{3}\,i$；　　　　(2) $z = -1 + \sqrt{3}\,i$．

解 (1) 由 $a = 3$，$b = -\sqrt{3}$，得

$$\tan \theta = \dfrac{b}{a} = -\dfrac{\sqrt{3}}{3}.$$

因为点 $Z(3, -\sqrt{3})$ 在第四象限（图 2-11），所以

$$\arg z = 2\pi - \dfrac{\pi}{6} = \dfrac{11\pi}{6}.$$

(2) 由 $a = -1$，$b = \sqrt{3}$，得

$$\tan \theta = \dfrac{b}{a} = -\sqrt{3}.$$

因为点 $Z(-1, \sqrt{3})$ 在第二象限（图 2-12），所以

$$\arg z = \pi - \dfrac{\pi}{3} = \dfrac{2\pi}{3}.$$

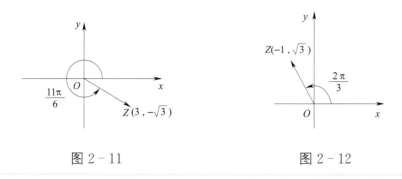

图 2 - 11　　　　　　　　图 2 - 12

一对共轭复数 $z=a+b\mathrm{i}$ 与 $\bar{z}=a-b\mathrm{i}$ 在复平面上对应于点 A 和点 B，点 A 和点 B 关于 x 轴对称，如图 2 - 13 所示. 设复数 $z=a+b\mathrm{i}$ 的模为 r，辐角为 θ，则共轭复数 $\bar{z}=a-b\mathrm{i}$ 的模也是 r，它的辐角为 $-\theta$.

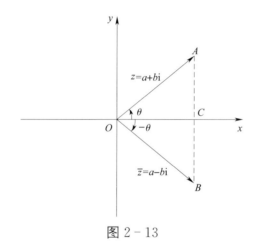

图 2 - 13

知识巩固 4

1. 求出下列各复数的辐角的主值，并在图 2 - 14 所示复平面上用向量将复数表示出来：

(1) 4;　　　　　(2) $-3\mathrm{i}$;　　　　　(3) $\sqrt{2}+\sqrt{2}\mathrm{i}$.

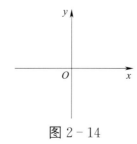

图 2 - 14

2. 求下列各复数的共轭复数的辐角主值：

(1) $\cos \dfrac{\pi}{3}+\mathrm{isin}\dfrac{\pi}{3}$;　　　(2) $-1-\mathrm{i}$;

(3) $1+\sqrt{3}\,\mathrm{i}$.

2.1.3　复数的三角形式

设复数 $z=a+b\mathrm{i}$ 的模为 r，辐角为 θ，由图 2－15 可知

$$z=a+b\mathrm{i}=r\cos\theta+\mathrm{i}r\sin\theta=r(\cos\theta+\mathrm{isin}\,\theta),$$

其中

$$r=\sqrt{a^2+b^2}\,,\ \cos\theta=\dfrac{a}{r}\,,\ \sin\theta=\dfrac{b}{r}\ 或\ \tan\theta=\dfrac{b}{a}\,(a\neq0).$$

角 θ 所在的象限就是复平面上的点 $Z(a，b)$ 所在的象限.

因此，任何一个复数 $z=a+b\mathrm{i}$ 都可以表示成

$$z=r(\cos\theta+\mathrm{isin}\,\theta).$$

我们把这种表示形式称为 **复数的三角形式**.

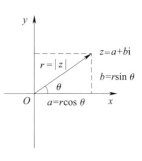

图 2－15

提示　在复数的三角形式中，辐角 θ 可用弧度制表示，也可用角度制表示；可只写主值，也可在主值上加 $2k\pi$ 或 $k\cdot360°$.

▶ **例题解析**

例 1　将复数 $\sqrt{3}+\mathrm{i}$ 表示成三角形式.

解　由 $a=\sqrt{3}$，$b=1$，得

$$r=\sqrt{(\sqrt{3})^2+1}=2,\ \arg(\sqrt{3}+\mathrm{i})=\dfrac{\pi}{6},$$

所以

$$\sqrt{3}+\mathrm{i}=2\left(\cos\dfrac{\pi}{6}+\mathrm{isin}\dfrac{\pi}{6}\right).$$

例 2　将复数 $2\left(\cos\dfrac{2\pi}{3}+\mathrm{isin}\dfrac{2\pi}{3}\right)$ 表示或代数形式.

解 $2\left(\cos\dfrac{2\pi}{3}+\mathrm{i}\sin\dfrac{2\pi}{3}\right)=2\left[\cos\left(\pi-\dfrac{\pi}{3}\right)+\mathrm{i}\sin\left(\pi-\dfrac{\pi}{3}\right)\right]$

$$=2\left(-\cos\dfrac{\pi}{3}+\mathrm{i}\sin\dfrac{\pi}{3}\right)$$

$$=2\left(-\dfrac{1}{2}+\mathrm{i}\dfrac{\sqrt{3}}{2}\right)$$

$$=-1+\sqrt{3}\,\mathrm{i}.$$

例3 复数 $z=-2\left(\cos\dfrac{\pi}{4}+\mathrm{i}\sin\dfrac{\pi}{4}\right)$ 是不是复数的三角形式？如果不是，把它表示成三角形式.

解 $z=-2\left(\cos\dfrac{\pi}{4}+\mathrm{i}\sin\dfrac{\pi}{4}\right)$ 不是三角形式.

$$z=-2\left(\cos\dfrac{\pi}{4}+\mathrm{i}\sin\dfrac{\pi}{4}\right)$$

$$=2\left[\cos\left(\pi+\dfrac{\pi}{4}\right)+\mathrm{i}\sin\left(\pi+\dfrac{\pi}{4}\right)\right]$$

$$=2\left(\cos\dfrac{5\pi}{4}+\mathrm{i}\sin\dfrac{5\pi}{4}\right).$$

提示 复数的三角形式 $r(\cos\theta+\mathrm{i}\sin\theta)$ 中，r 应当是非负实数，并且括号内的运算符号为"＋"号.

复数是研究电工学中交流电等理论知识的重要工具. 用复数表示电压、电流等量可使电工学中物理量的分析与研究变得简便.

例题解析

例4 如图 2–16 所示是一个简单的交流电路图.

（1）求电路中电压共振时，频率 f 与电感 L 及电容 C 之间的关系.

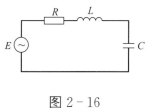
图 2–16

（2）电路中，已知电阻 $R=100\ \Omega$，电感 $L=0.5\ \mathrm{H}$，电容 $C=30\ \mu\mathrm{F}$，频率 $f=60\ \mathrm{Hz}$. 求总阻抗 Z，并把结果化为复数的三角形式.

解　由交流电路理论知识可知，当交流电路中串联接入电阻、电感、电容后，电路中电流总阻抗 Z 可用复数表示为

$$Z = R + \mathrm{j}(X_L - X_C) = R + \mathrm{j}\left(\omega L - \frac{1}{\omega C}\right).$$

（1）电路中电压共振的条件是总阻抗 Z 是实数.

因为 Z 为实数，所以其虚部等于 0，即

$$\omega L - \frac{1}{\omega C} = 0,$$

其中 $\omega = 2\pi f$，解得

$$f = \frac{1}{2\pi\sqrt{LC}}.$$

所以，电压共振时，频率 f 与电感 L、电容 C 之间的关系是 $f = \frac{1}{2\pi\sqrt{LC}}.$

（2）将各已知值代入 $Z = R + \mathrm{j}\left(2\pi f L - \frac{1}{2\pi f C}\right)$，得总阻抗为

$$Z \approx 100 + \mathrm{j}\left(2 \times 3.14 \times 60 \times 0.5 - \frac{10^6}{2 \times 3.14 \times 60 \times 30}\right)$$

$$\approx 100 + \mathrm{j}(188.4 - 88.5)$$

$$= 100 + \mathrm{j}99.9.$$

总阻抗的模（大小）为

$$|Z| \approx \sqrt{100^2 + 99.9^2} \approx 141.4.$$

由 $\tan\theta \approx \frac{99.9}{100} \approx 1$，得

$$\arg Z = \frac{\pi}{4}.$$

所以，总阻抗的三角形式为

$$Z \approx 141.4\left(\cos\frac{\pi}{4} + \mathrm{j}\sin\frac{\pi}{4}\right).$$

提示　1. 在电工学中，为了与电流强度的符号 i 相区别，用字母 j 表示虚数单位，并将 $z = a + bi$ 写成 $z = a + \mathrm{j}b.$

2. 在纯电阻电路中，电阻的复数表示仍为 R；在纯电感电路

中，感抗的复数表示为 jX_L 或 $j\omega L$；在纯电容电路中，容抗的复数表示为 $-jX_C$ 或 $-j\dfrac{1}{\omega C}$. 其中，ω 是角频率，$\omega=2\pi f$（单位：rad/s）.

3. 电工学中，大写字母 Z 表示总阻抗. 注意不要与复平面上的点 Z 混淆.

4. 本书中，以复数形式（含有虚部）表示的物理量均省略单位.

▶ 知识巩固 5

1. 复数 $-\cos\dfrac{\pi}{6}-i\sin\dfrac{\pi}{6}$ 的辐角主值是＿＿＿＿.

2. 将下列复数表示成三角形式：

(1) $2+2i$；　　　　(2) $-\sqrt{3}+i$；

(3) $\sqrt{3}-i$；　　　　(4) -5；

(5) $-\cos\dfrac{\pi}{7}-i\sin\dfrac{\pi}{7}$.

3. 在如图 2-16 所示的电路中，已知电感 $L=0.5$ H，电容 $C=30\ \mu$F. 求电路产生共振时，频率 f 约为多少?

2.2　复数的四则运算

在交流电路中，电压和电流也用复数来表示。一个交流电压记为 $U=220(\cos 30°+\mathrm{i}\sin 30°)$，表示电压的幅值为 220 V，相位角为 30°，通过一个阻抗为 $Z=20+20\mathrm{i}$ 的电路元件，求此时电流的幅值。

根据欧姆定律，电流 $I=\dfrac{U}{Z}=\dfrac{220(\cos 30°+\mathrm{i}\sin 30°)}{20+20\mathrm{i}}$。

可以看出，复数的四则运算在电工电子学中对于分析交流电路的特性非常重要，为交流电的计算提供了有力的工具。

当我们把复数 $z_1=a+b\mathrm{i}$，$z_2=c+d\mathrm{i}$ 中的虚数单位 i 看作多项式中的一个字母时，复数 z_1 与 z_2 间的四则运算就变成了多项式的四则运算。此外，复数用三角形式表示，当进行复数的乘除运算时，可使运算过程变得十分简单，这为交流电的计算提供了有利的工具。

2.2.1　复数的加、减法运算

我们规定，复数的加法法则为：

设 $z_1=a+b\mathrm{i}$，$z_2=c+d\mathrm{i}(a，b，c，d\in\mathbf{R})$ 是任意两个复数，则

$$z_1+z_2=(a+b\mathrm{i})+(c+d\mathrm{i})=(a+c)+(b+d)\mathrm{i}.$$

很明显，两个复数的和仍是一个复数。容易验证，复数的加法满足交换律和结合律，即对于任意复数 z_1，z_2，z_3，有

$$z_1+z_2=z_2+z_1,$$

$$(z_1+z_2)+z_3=z_1+(z_2+z_3).$$

设 $z_1=a+bi$，$z_2=c+di$，$z=z_1+z_2$，则

$$z_1+z_2=(a+bi)+(c+di)=(a+c)+(b+d)i=z.$$

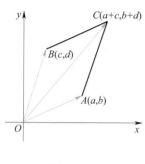

图 2 - 17

设 z_1，z_2，z 依次对应向量 $\overrightarrow{OA}$，$\overrightarrow{OB}$，$\overrightarrow{OC}$（图 2 - 17）. 容易证明，以 O，A，B，C 为顶点的四边形是平行四边形. 因此，已知 $\overrightarrow{OA}$，$\overrightarrow{OB}$ 就可以用画平行四边形的方法求得 $\overrightarrow{OC}$. 这种方法称为平行四边形法则. 也就是说，复数的加法可以用平行四边形法则来进行.

复数的减法是复数的加法的逆运算. 即把满足

$$(c+di)+(x+yi)=a+bi$$

的复数 $x+yi$ 称为复数 $a+bi$ 减去复数 $c+di$ 的差，记作 $(a+bi)-(c+di)$. 由两个复数相等的定义，得

$$\begin{cases} c+x=a, \\ d+y=b, \end{cases}$$

因此

$$\begin{cases} x=a-c, \\ y=b-d. \end{cases}$$

所以

$$x+yi=(a-c)+(b-d)i.$$

由以上推导可知，复数的减法法则为：

设 $z_1=a+bi$，$z_2=c+di(a,b,c,d\in\mathbf{R})$ 是任意两个复数，则

$$z_1-z_2=(a+bi)-(c+di)=(a-c)+(b-d)i.$$

由此可见，两个复数的差仍然是一个复数.

设 $z_1=a+bi$，$z_2=c+di$，$z=z_1-z_2$，则

$$z_1-z_2=(a+bi)-(c+di)=(a-c)+(b-d)i=z.$$

设 z_1，z_2，z 依次对应向量 $\overrightarrow{OA}$，$\overrightarrow{OB}$，$\overrightarrow{OC}$（图 2-18）. 容易证明，三角形 AOB 的一边 $BA \underline{\underline{\parallel}} OC$. 因此，已知 $\overrightarrow{OA}$，$\overrightarrow{OB}$ 就可以用画三角形的方法求得 $\overrightarrow{OC}$. 这种方法称为三角形法则. 也就是说，复数的减法可以用三角形法则来进行.

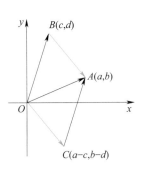

图 2-18

例题解析

想一想

两个共轭复数的和是一个实数，它们的差是一个纯虚数吗？

例 1　求共轭复数 $z = a + bi$ 与 $\bar{z} = a - bi$ 的和与差.

解　$z + \bar{z} = (a + bi) + (a - bi) = 2a$.

$z - \bar{z} = (a + bi) - (a - bi) = 2bi$.

例 2　计算 $(-3 + 5i) + (2 + i) - (-1 + 2i)$.

解　$(-3 + 5i) + (2 + i) - (-1 + 2i)$

$= (-3 + 2 + 1) + (5 + 1 - 2)i$

$= 0 + 4i$

$= 4i$.

例 3　已知 $(3 - xi) - (y + 4i) = 2x - yi$，求实数 x，y 的值.

解　因为 $(3 - xi) - (y + 4i) = (3 - y) + (-x - 4)i = 2x - yi$，所以

$$\begin{cases} 3 - y = 2x, \\ -x - 4 = -y, \end{cases}$$

解得 $x = -\dfrac{1}{3}$，$y = \dfrac{11}{3}$.

例 4　如图 2-19 所示，在并联电路中，已知各支路的复数电流为 $\dot{I}_1 = 2\left(\cos\dfrac{\pi}{6} + j\sin\dfrac{\pi}{6}\right)$，$\dot{I}_2 = 2\left(\cos\dfrac{\pi}{3} + j\sin\dfrac{\pi}{3}\right)$，$\dot{I}_3 = 6\left(\cos\dfrac{\pi}{6} + j\sin\dfrac{\pi}{6}\right)$. 求总复数电流 $\dot{I} = \dot{I}_1 + \dot{I}_2 + \dot{I}_3$（结果用复数的代数形式表示，并保留两位小数）.

解　因为

$$\dot{I}_1 = 2\left(\cos\dfrac{\pi}{6} + j\sin\dfrac{\pi}{6}\right) \approx 1.732 + j,$$

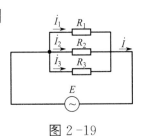

图 2-19

$$\dot{I}_2 = 2\left(\cos\frac{\pi}{3} + \mathrm{j}\sin\frac{\pi}{3}\right) \approx 1 + \mathrm{j}1.732,$$

$$\dot{I}_3 = 6\left(\cos\frac{\pi}{6} + \mathrm{j}\sin\frac{\pi}{6}\right) \approx 5.196 + \mathrm{j}3.$$

所以

$$\dot{I} = \dot{I}_1 + \dot{I}_2 + \dot{I}_3$$

$$\approx (1.732 + \mathrm{j}) + (1 + \mathrm{j}1.732) + (5.196 + \mathrm{j}3)$$

$$\approx 7.93 + \mathrm{j}5.73.$$

提示　在电工学中，$\dot{I}$ 为电流的相量表示法，$\dot{U}$ 为电压的相量表示法. 关于相量，后续内容有详细讲解.

例5　已知两个正弦交流电压所对应的复数电压分别为 $\dot{U}_1 = 100(\cos 45° + \mathrm{j}\sin 45°)$，$\dot{U}_2 = 100(\cos 135° + \mathrm{j}\sin 135°)$. 求：$\dot{U} = \dot{U}_1 + \dot{U}_2$，并作图.

解　$\dot{U} = \dot{U}_1 + \dot{U}_2$

$$= 100(\cos 45° + \mathrm{j}\sin 45°) + 100(\cos 135° + \mathrm{j}\sin 135°)$$

$$= (50\sqrt{2} + \mathrm{j}50\sqrt{2}) + (-50\sqrt{2} + \mathrm{j}50\sqrt{2})$$

$$= \mathrm{j}100\sqrt{2} = 100\sqrt{2}(\cos 90° + \mathrm{j}\sin 90°).$$

作图，如图 2-20 所示.

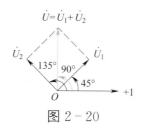

图 2-20

提示　在电工学中画图时，可以不画出复平面的坐标轴，但复数的辐角应以实轴正方向为基准，逆时针方向的角度为正，顺时针方向的角度为负.

知识巩固 1

1. 计算 $(1-3\mathrm{i}) + (2+4\mathrm{i}) - (3-5\mathrm{i})$.

2. 已知复数 $z_1 = 12 - 5i$，$z_2 = -2 + 3i$，求：

(1) $z_1 + z_2$；   (2) $z_1 - z_2$．

3. 在复平面内用向量表示下列复数的和与差：

(1) $(4+3i)+(2-i)$；   (2) $(-2+4i)-(3+2i)$．

4. 已知正弦电流所对应的复数电流分别为 $\dot{I}_1 = 3 + j4$，$\dot{I}_2 = 4.25(\cos 45° + j\sin 45°)$，求 $\dot{I} = \dot{I}_1 + \dot{I}_2$，并作图．

2.2.2　实系数一元二次方程的根

我们知道，对于一元二次方程 $ax^2 + bx + c = 0$（a，b，$c \in \mathbf{R}$，$a \neq 0$），当 $\Delta = b^2 - 4ac \geqslant 0$ 时，有两个不等或者相等的实数根；当 $\Delta = b^2 - 4ac < 0$ 时，没有实数根．现在，我们进一步讨论当 $\Delta = b^2 - 4ac < 0$ 时，上述方程在复数范围内的根．

对于一元二次方程 $ax^2 + bx + c = 0$，因为 $a \neq 0$，所以

$$x^2 + \frac{b}{a}x = -\frac{c}{a},$$

配方得

$$\left(x + \frac{b}{2a}\right)^2 = \frac{b^2}{4a^2} - \frac{c}{a} = -\frac{4ac - b^2}{4a^2}.$$

因为 $\Delta = b^2 - 4ac < 0$，所以

$$x + \frac{b}{2a} = \pm \frac{\sqrt{4ac - b^2}}{2a}i.$$

$$x_{1,2} = -\frac{b}{2a} \pm \frac{\sqrt{4ac - b^2}}{2a}i.$$

提示　对于一元二次方程 $ax^2 + bx + c = 0$，以后不作特别说明时，都有 a，b，$c \in \mathbf{R}$，$a \neq 0$．

由上面的讨论可知，实系数一元二次方程 $ax^2 + bx + c = 0$ 在复数集 $\mathbf{C}$ 中恒有解，而解实系数一元二次方程的关键是计算判别式 $\Delta = b^2 - 4ac$：

(1) 当 $\Delta > 0$ 时，有两个不等实数根 $x_{1,2} = -\dfrac{b}{2a} \pm \dfrac{\sqrt{b^2 - 4ac}}{2a}$；

(2) 当 $\Delta = 0$ 时，有两个相等实数根 $x_1 = x_2 = -\dfrac{b}{2a}$；

(3) 当 $\Delta < 0$ 时，有两个虚数根 $x_{1,2} = -\dfrac{b}{2a} \pm \dfrac{\sqrt{4ac - b^2}}{2a}\,\mathrm{i}$.

提示 当 $\Delta < 0$ 时，实系数一元二次方程的两个根互为共轭虚数.

例题解析

例 判定下列方程根的类型，并求方程的根：

(1) $2x^2 - 5x + 8 = 0$；   (2) $x^2 - 7x + 4 = 0$；

(3) $x^2 - 8x + 16 = 0$.

解 (1) 因为 $\Delta = (-5)^2 - 4 \times 2 \times 8 = -39 < 0$，所以原方程有两个共轭虚根，它们是

$$x_{1,2} = -\frac{-5}{2 \times 2} \pm \frac{\sqrt{39}}{2 \times 2}\,\mathrm{i} = \frac{5}{4} \pm \frac{\sqrt{39}}{4}\,\mathrm{i},$$

即 $x_1 = \dfrac{5}{4} + \dfrac{\sqrt{39}}{4}\,\mathrm{i}$，$x_2 = \dfrac{5}{4} - \dfrac{\sqrt{39}}{4}\,\mathrm{i}$.

(2) 因为 $\Delta = (-7)^2 - 4 \times 1 \times 4 = 33 > 0$，所以原方程有两个不相等的实根，它们是

$$x_{1,2} = \frac{7 \pm \sqrt{33}}{2}$$

即 $x_1 = \dfrac{7 + \sqrt{33}}{2}$，$x_2 = \dfrac{7 - \sqrt{33}}{2}$.

(3) 因为 $\Delta = (-8)^2 - 4 \times 16 = 0$，所以原方程有两个相等实根，

$$x_1 = x_2 = 4.$$

知识巩固 2

1. 判断下列方程根的类型，并求方程的根：

(1) $x^2+2x+6=0$；   (2) $x^2+9=0$；

(3) $x^2-5x+4=0$；   (4) $4x^2+12x+9=0$.

2. 对于实系数一元二次方程 $ax^2+bx+c=0(a\neq0)$，若 $\Delta<0$，请用 a，b，c 表示其两个根 x_1，x_2 的和.

2.2.3　复数代数形式的乘法运算

复数的乘法法则如下：

设 $z_1=a+bi$，$z_2=c+di(a$，b，c，$d\in\mathbf{R})$ 是任意两个复数，则

$$(a+bi)(c+di)=ac+adi+bci+bdi^2$$
$$=(ac-bd)+(ad+bc)i.$$

可以看出，两个复数相乘，类似于两个多项式相乘，只是运算中要将 i^2 换成 -1，并把最后的结果写成复数的代数形式.

两个复数的积仍是一个复数.

容易验证，复数的乘法满足交换律、结合律以及乘法对加法的分配律，即对于任意复数 z_1，z_2，z_3，有

$$z_1z_2=z_2z_1,$$
$$(z_1z_2)z_3=z_1(z_2z_3),$$
$$z_1(z_2+z_3)=z_1z_2+z_1z_3.$$

例题解析

例1　设 $z_1=6-i$，$z_2=-1+3i$，求 z_1z_2 和 $z_1\overline{z}_1$.

解　$z_1z_2=(6-i)(-1+3i)$

$$=[6\times(-1)-(-1)\times3]+[6\times3+(-1)\times(-1)]i$$

$$=-3+19i.$$

由 $z_1=6-i$，得 $\overline{z}_1=6+i$，则

$$z_1\overline{z}_1=(6-i)(6+i)$$

$$=[6\times6-(-1)\times1]+[6\times1+(-1)\times6]i$$

$$=36+1$$
$$=37.$$

例2　计算 $(1-i)^2$.

解　$(1-i)^2=(1-i)(1-i)=1-2i+i^2=-2i.$

提示　$(1-i)^2=-2i$，$(1+i)^2=2i$ 在复数的计算中经常用到.

由例1可以知道，$6+i$ 和 $6-i$ 这一对共轭复数的积是一个实数. 这个结果可以推广为：

对于任意一个复数 $z=a+bi(a,\ b\in\mathbf{R})$，有

$$z\bar{z}=(a+bi)(a-bi)$$
$$=a^2-abi+abi-b^2i^2$$
$$=a^2+b^2.$$

通过上述计算可知，任意一对共轭复数的积是一个实数，且这个实数等于复数 z（或 $\bar{z}$）的模的平方，即

$$z\bar{z}=|z|^2=|\bar{z}|^2.$$

特别地，当 $|z|=1$ 时，$z\bar{z}=1$.

例题解析

例3　已知复数 z 满足 $z^2=-9$，求 z 的值.

解　设 $z=x+yi\ (x,\ y\in\mathbf{R})$，则

$$(x+yi)^2=-9.$$

因为

$$(x+yi)^2=x^2+2xyi+y^2i^2$$
$$=x^2+2xyi-y^2$$
$$=(x^2-y^2)+2xyi,$$

所以 $(x^2-y^2)+2xyi=-9.$

由两个复数相等的定义，得

$$\begin{cases}x^2-y^2=-9, & ① \\ 2xy=0. & ②\end{cases}$$

想一想

是否有更简便的方法解 $z^2 = -9$?

由②式可知,x,y 中必有一个等于 0. 结合①式,得

$$\begin{cases} x=0, \\ y=\pm 3. \end{cases}$$

因此,$z = 3i$ 或 $z = -3i$.

例 4 求 i^{12},i^{13},i^{14},i^{15} 的值.

解 因为

$$i^1 = i,$$
$$i^2 = -1,$$
$$i^3 = i^2 \cdot i = -i,$$
$$i^4 = i^3 \cdot i = -i \cdot i = 1.$$

所以

$$i^{12} = i^{4 \times 3} = (i^4)^3 = 1,$$
$$i^{13} = i^{12} \cdot i = i,$$
$$i^{14} = i^{13} \cdot i = i^2 = -1,$$
$$i^{15} = i^{14} \cdot i = -i.$$

提示 事实上,当 $n \in \mathbf{N}$ 时,有

$$i^{4n} = 1,\ i^{4n+1} = i,\ i^{4n+2} = -1,\ i^{4n+3} = -i.$$

知识巩固 3

1. 计算下列各式:

(1) $(2+5i)(-1+i)$;

(2) $(1-2i)(3+4i)(-2+i)$;

(3) $(a+bi)(a-bi) - (-a+bi)(-a-bi)$;

(4) $i^{21} + i^{22} + i^{23} + i^{24}$.

2. 已知 $z = 3 - 4i$,求 $z\bar{z} + z + \bar{z}$ 的值.

3. 对于实系数一元二次方程 $ax^2 + bx + c = 0 (a \neq 0)$. 若 $\Delta < 0$,请用 a,b,c 表示其两个根 x_1,x_2 的积.

4. 已知复数 z 满足 $z^2 = 5 + 12i$,求 z 的值.

2.2.4 复数代数形式的除法运算

我们规定, 复数的除法是复数的乘法的逆运算. 也就是说, 如果

$$(c+d\mathrm{i})(x+y\mathrm{i})=a+b\mathrm{i}(c+d\mathrm{i}\neq 0),$$

则把复数 $x+y\mathrm{i}$ 称为复数 $a+b\mathrm{i}$ 除以复数 $c+d\mathrm{i}$ 的商, 记作 $\dfrac{a+b\mathrm{i}}{c+d\mathrm{i}}.$

因为两个共轭复数的积是一个实数, 因此, 通常在计算 $\dfrac{a+b\mathrm{i}}{c+d\mathrm{i}}$

时, 用分母的共轭复数同乘以分子和分母. 计算过程如下:

$$\begin{aligned}
\frac{a+b\mathrm{i}}{c+d\mathrm{i}} &= \frac{(a+b\mathrm{i})(c-d\mathrm{i})}{(c+d\mathrm{i})(c-d\mathrm{i})}\\
&= \frac{(ac+bd)+(bc-ad)\mathrm{i}}{c^2+d^2}\\
&= \frac{ac+bd}{c^2+d^2}+\frac{bc-ad}{c^2+d^2}\mathrm{i}.
\end{aligned}$$

由于 $c+d\mathrm{i}\neq 0$, 所以 $c^2+d^2\neq 0$. 上式就是复数的

除法法则, 由此可见, 两个复数的商仍然是一个复数.

提示 复数的除法运算实际上是先把分母实数化, 再把分式

化成复数的代数形式.

例题解析

例1 已知复数 $z_1=4-5\mathrm{i}$, $z_2=2+\mathrm{i}$, 求 $\dfrac{z_1}{z_2}$.

解 $\dfrac{z_1}{z_2}=\dfrac{4-5\mathrm{i}}{2+\mathrm{i}}$

$\qquad=\dfrac{(4-5\mathrm{i})(2-\mathrm{i})}{(2+\mathrm{i})(2-\mathrm{i})}$

$\qquad=\dfrac{[4\times 2-(-5)\times(-1)]+[(-5)\times 2+4\times(-1)]\mathrm{i}}{2^2+1^2}$

$\qquad=\dfrac{3-14\mathrm{i}}{5}=\dfrac{3}{5}-\dfrac{14}{5}\mathrm{i}.$

例 2 已知交流电路三个并联电阻的复阻抗 $Z_1 = 75 + j38$，$Z_2 = 12 - j32$，$Z_3 = 26 + j34$，与三个并联电阻等效的复阻抗 Z 满足关系式 $\dfrac{1}{Z} = \dfrac{1}{Z_1} + \dfrac{1}{Z_2} + \dfrac{1}{Z_3}$，求复阻抗 Z（结果保留两位小数）.

解 $\dfrac{1}{Z_1} = \dfrac{1}{75 + j38} = \dfrac{75 - j38}{75^2 + 38^2} \approx 0.010\,6 - j0.005\,4.$

$\dfrac{1}{Z_2} = \dfrac{1}{12 - j32} = \dfrac{12 + j32}{12^2 + 32^2} \approx 0.010\,3 + j0.027\,4.$

$\dfrac{1}{Z_3} = \dfrac{1}{26 + j34} = \dfrac{26 - j34}{26^2 + 34^2} \approx 0.014\,2 - j0.018\,6.$

$\dfrac{1}{Z} = \dfrac{1}{Z_1} + \dfrac{1}{Z_2} + \dfrac{1}{Z_3}$

$\approx 0.010\,6 - j0.005\,4 + 0.010\,3 + j0.027\,4 + 0.014\,2 - j0.018\,6$

$= 0.035\,1 + j0.003\,4.$

$Z \approx \dfrac{1}{0.035\,1 + j0.003\,4} = \dfrac{0.035\,1 - j0.003\,4}{0.035\,1^2 + 0.003\,4^2}$

$\approx 28.23 - j2.73.$

知识巩固 4

1. 计算下列各式：

(1) $\dfrac{1 + i}{1 - i}$；   (2) $\dfrac{2 + 5i}{-1 + i}$.

2. 已知在交流电路中，阻抗 $Z_1 = 1 + j2$，$Z_2 = 2 + j$，求：

(1) 串联电路中的总阻抗 Z；

(2) 并联电路中的总阻抗 Z.

2.2.5 复数三角形式的乘除运算

复数三角形式的乘除运算如下：

设复数

$$z_1 = r_1(\cos\theta_1 + i\sin\theta_1),$$

$$z_2 = r_2(\cos\theta_2 + i\sin\theta_2),$$

$$z = r(\cos\theta + i\sin\theta),$$

则

$$z_1 z_2 = r_1 r_2 [\cos(\theta_1 + \theta_2) + i\sin(\theta_1 + \theta_2)],$$

$$\frac{z_1}{z_2} = \frac{r_1}{r_2} [\cos(\theta_1 - \theta_2) + i\sin(\theta_1 - \theta_2)] \, (z_2 \neq 0),$$

$$z^n = r^n (\cos n\theta + i\sin n\theta) \, (n \in \mathbf{N}).$$

以上三个公式为复数三角形式的乘除运算法则. 其中，公式 $z^n = r^n(\cos n\theta + i\sin n\theta) \, (n \in \mathbf{N})$ 称为**棣莫弗公式**.

▶ **例题解析**

例 计算下列各式：

(1) $3\left(\cos\dfrac{\pi}{12} + i\sin\dfrac{\pi}{12}\right) \cdot 2\left(\cos\dfrac{\pi}{6} + i\sin\dfrac{\pi}{6}\right)$；

(2) $12\left(\cos\dfrac{7\pi}{4} + i\sin\dfrac{7\pi}{4}\right)^2 \div \left[\dfrac{2}{3}\left(\cos\dfrac{\pi}{3} + i\sin\dfrac{\pi}{3}\right)\right]$；

(3) $\left(\dfrac{\sqrt{2}}{2} + \dfrac{\sqrt{2}}{2}i\right)^{11}$.

解 (1) $3\left(\cos\dfrac{\pi}{12} + i\sin\dfrac{\pi}{12}\right) \cdot 2\left(\cos\dfrac{\pi}{6} + i\sin\dfrac{\pi}{6}\right)$

$$= 3 \times 2\left[\cos\left(\dfrac{\pi}{12} + \dfrac{\pi}{6}\right) + i\sin\left(\dfrac{\pi}{12} + \dfrac{\pi}{6}\right)\right]$$

$$= 6\left(\cos\dfrac{\pi}{4} + i\sin\dfrac{\pi}{4}\right)$$

$$= 3\sqrt{2} + 3\sqrt{2}\,i.$$

(2) $12\left(\cos\dfrac{7\pi}{4} + i\sin\dfrac{7\pi}{4}\right)^2 \div \left[\dfrac{2}{3}\left(\cos\dfrac{\pi}{3} + i\sin\dfrac{\pi}{3}\right)\right]$

$$= \dfrac{12}{\dfrac{2}{3}}\left[\cos\left(\dfrac{7\pi}{4} \cdot 2 - \dfrac{\pi}{3}\right) + i\sin\left(\dfrac{7\pi}{4} \cdot 2 - \dfrac{\pi}{3}\right)\right]$$

$$= 18\left(\cos\dfrac{19\pi}{6} + i\sin\dfrac{19\pi}{6}\right)$$

$$= 18\left(\cos\dfrac{7\pi}{6} + i\sin\dfrac{7\pi}{6}\right)$$

$$= -9\sqrt{3} - 9i.$$

(3) $\left(\dfrac{\sqrt{2}}{2}+\dfrac{\sqrt{2}}{2}i\right)^{11}$

$=\left(\cos\dfrac{\pi}{4}+i\sin\dfrac{\pi}{4}\right)^{11}$

$=\cos\dfrac{11\pi}{4}+i\sin\dfrac{11\pi}{4}$

$=\cos\dfrac{3\pi}{4}+i\sin\dfrac{3\pi}{4}$

$=-\dfrac{\sqrt{2}}{2}+\dfrac{\sqrt{2}}{2}i.$

知识巩固 5

1. 已知复数 z_1，z_2 的三角形式：$z_1=\dfrac{3}{4}\left(\cos\dfrac{5\pi}{3}+i\sin\dfrac{5\pi}{3}\right)$，

$z_2=\dfrac{\sqrt{3}}{2}(\cos\pi+i\sin\pi)$，求 z_1z_2，$\dfrac{z_1}{z_2}$，$\left(\dfrac{z_1}{z_2}\right)^6$.

2. 已知复数 $z_1=1-\sqrt{3}i$，$z_2=\sqrt{3}-\sqrt{3}i$，求：

(1) z_1z_2；　　　　(2) $\dfrac{z_1}{z_2}$；　　　　(3) $\left(\dfrac{z_1}{z_2}\right)^8$.

2.3　复数的极坐标形式和指数形式

实例考察

1. 将复数 $z=\sqrt{3}+i$ 在复平面表示.

2. 复数 $z=\sqrt{3}+i$ 的模为 _____，辐角主值为 _____.

3. 复数 $z=\sqrt{3}+i$ 的三角形式为 _____.

我们通过复平面，学习了用向量表示复数，再通过模和辐角两个要素，学习了复数的三角形式. 从复数的代数形式到复平面、再到三角形式，其中内在的联系是什么？

2.3.1　复数的极坐标形式和指数形式

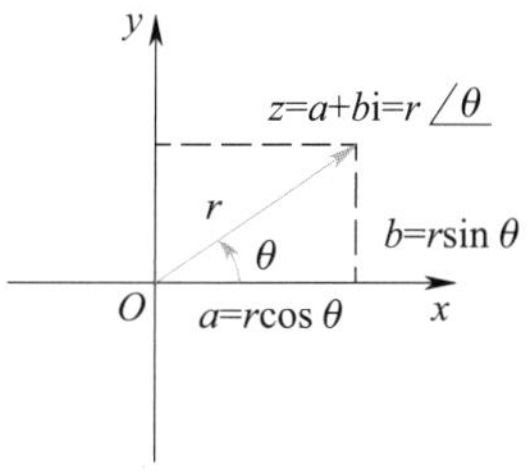

图 2-21

如图 2-21 所示，设复数 $z=a+bi$ 的模为 r，辐角为 θ，则复数 $z=a+bi$ 可以表示为

$$z=r\underline{/\theta}.$$

此时 $a=r\cos\theta$，$b=r\sin\theta$. 我们把 $z=r\underline{/\theta}$ 称为复数的极坐标形式.

提示　1. θ 的单位可取弧度制，也可取角度制；θ 可以是正角，也可以是负角.

2. 关于极坐标的更多知识，可参考本书第 3 章的有关内容.

例题解析

例1　将复数 $z=\sqrt{3}-i$ 用极坐标形式表示出来.

解　因为 $z=\sqrt{3}-i$ 的模 $r=\sqrt{(\sqrt{3})^2+(-1)^2}=2$，辐角 $\theta=2\pi-\dfrac{\pi}{6}=\dfrac{11\pi}{6}$，所以

$$z = 2 \underline{\bigg/\dfrac{11\pi}{6}}.$$

例 2 将复数 $z = 3 \underline{\bigg/-\dfrac{\pi}{2}}$ 化为三角形式和代数形式.

解 $z = 3 \underline{\bigg/-\dfrac{\pi}{2}} = 3\left[\cos\left(-\dfrac{\pi}{2}\right) + i\sin\left(-\dfrac{\pi}{2}\right)\right]$

$\qquad = 3(0 - i) = -3i.$

在实数范围内有"同底数幂相乘,底数不变,指数相加"的运算法则,例如,$a^3 a^6 = a^{3+6} = a^9$. 对于复数而言,如果将它也表示成指数形式,其乘除运算将会变得很简单.

瑞士数学家欧拉在 18 世纪中叶提出著名的欧拉公式:

$$e^{i\theta} = \cos\theta + i\sin\theta.$$

它将指数与三角函数有机地联系在一起,极大地方便了数学处理. 根据这条公式,我们可以把任何一个复数 $z = r(\cos\theta + i\sin\theta)$ 表示成

$$z = re^{i\theta}.$$

这一表示形式称为**复数的指数形式**.

其中,r 为复数的模,底数 $e = 2.718\,28\cdots$ 为无理数,幂指数中的 i 为虚数单位,θ 为复数的辐角,单位为弧度. 例如:

$$\sqrt{2}\left(\cos\dfrac{5\pi}{6} + i\sin\dfrac{5\pi}{6}\right) = \sqrt{2}\,e^{i\frac{5\pi}{6}},$$

$$\cos\dfrac{\pi}{7} + i\sin\dfrac{\pi}{7} = e^{i\frac{\pi}{7}}.$$

例题解析

例 1 把复数 $\dfrac{\sqrt{3}}{2}(\cos 150° + i\sin 150°)$ 表示为指数形式和极坐标形式.

解 $\dfrac{\sqrt{3}}{2}(\cos 150° + i\sin 150°)$

$\qquad = \dfrac{\sqrt{3}}{2}\left(\cos\dfrac{5\pi}{6} + i\sin\dfrac{5\pi}{6}\right)$

$$=\frac{\sqrt{3}}{2}e^{i\frac{5\pi}{6}}=\frac{\sqrt{3}}{2}\angle\frac{5\pi}{6}.$$

例 2 把复数 $0.78e^{-i\frac{2\pi}{3}}$ 表示为三角形式和极坐标形式.

解 $0.78e^{-i\frac{2\pi}{3}}=0.78\left[\cos\left(-\frac{2\pi}{3}\right)+i\sin\left(-\frac{2\pi}{3}\right)\right]=0.78\angle-\frac{2\pi}{3}.$

关于复数的表示形式,我们可以归纳为如图 2-22 所示.

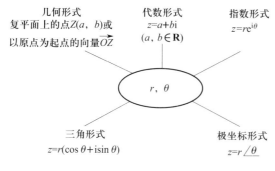

图 2-22

提示 复数的模 r 和辐角 θ 是复数的代数形式以及其他三种表示形式之间相互联系的纽带. 只有准确地求出复数的模 r 和辐角 θ,才能进行复数的不同形式间的相互转换.

知识巩固 1

1. 写出复数 $-12\sqrt{3}+12i$ 的三角形式、指数形式和极坐标形式.

2. 根据表中所给的数据填空.

a	b	r	θ	$a+bi$	$r(\cos\theta+i\sin\theta)$	$re^{i\theta}$	$r\angle\theta$
$-\frac{1}{2}$	$\frac{\sqrt{3}}{2}$						
		3	210°				
				-5			
					$\cos\frac{4\pi}{3}+i\sin\frac{4\pi}{3}$		
						$6e^{i\frac{\pi}{4}}$	
							$\frac{1}{2}\angle30°$

2.3.2　复数指数形式和极坐标形式的乘除运算

若已知复数 $z_1 = r_1 e^{i\theta_1}$，$z_2 = r_2 e^{i\theta_2}$，$z = r e^{i\theta}$，根据虚数单位 i 的性质和"同底数幂相乘除，底数不变，指数相加减"的运算法则，我们得到复数指数形式的乘除运算法则为

$$z_1 z_2 = (r_1 e^{i\theta_1})(r_2 e^{i\theta_2}) = r_1 r_2 e^{i(\theta_1 + \theta_2)},$$

$$\frac{z_1}{z_2} = \frac{r_1 e^{i\theta_1}}{r_2 e^{i\theta_2}} = \frac{r_1}{r_2} e^{i(\theta_1 - \theta_2)} \ (z_2 \neq 0),$$

$$z^n = (r e^{i\theta})^n = r^n e^{in\theta} \ (n \in \mathbf{N}).$$

即：

（1）两个复数相乘，积仍是复数，积的模等于各复数模的积，积的辐角等于各复数的辐角之和．

（2）两个复数相除（除数不为零），商仍是一个复数，商的模等于被除数的模除以除数的模所得的商，商的辐角等于被除数的辐角减去除数的辐角所得的差．

（3）复数的 n（n 是自然数）次幂的模等于这个复数的模的 n 次幂，而辐角等于这个复数的辐角的 n 倍．

> **提示**　公式 $a^m a^n = a^{m+n}$，$(a^m)^n = a^{mn}$，$\dfrac{a^m}{a^n} = a^{m-n}$（$a > 0$）中 m，n 可由实数推广到复数．

例题解析

例 1　已知复数 $z_1 = 3 e^{i\frac{\pi}{6}}$，$z_2 = \sqrt{2} e^{i\frac{\pi}{4}}$，求 $z_1 z_2$，$\dfrac{z_1}{z_2}$，$(z_1 z_2)^4$．

解　$z_1 z_2 = \left(3 e^{i\frac{\pi}{6}}\right)\left(\sqrt{2} e^{i\frac{\pi}{4}}\right) = 3\sqrt{2} e^{i\left(\frac{\pi}{6} + \frac{\pi}{4}\right)} = 3\sqrt{2} e^{i\frac{5\pi}{12}}$．

$\dfrac{z_1}{z_2} = \dfrac{3 e^{i\frac{\pi}{6}}}{\sqrt{2} e^{i\frac{\pi}{4}}} = \dfrac{3\sqrt{2}}{2} e^{i\left(\frac{\pi}{6} - \frac{\pi}{4}\right)} = \dfrac{3\sqrt{2}}{2} e^{-i\frac{\pi}{12}}$．

$(z_1 z_2)^4 = \left(3\sqrt{2} e^{i\frac{5\pi}{12}}\right)^4 = (3\sqrt{2})^4 e^{i\frac{5\pi}{12} \times 4} = 324 e^{i\frac{5\pi}{3}}$．

例 2 在电阻电感电容并联交流电路中，已知 $R=50\ \Omega$，$X_L=40\ \Omega$，$X_C=20\ \Omega$. 求并联电路中的总阻抗 Z（表示成指数形式，保留 1 位小数）.

解 在并联电路中，有

$$\frac{1}{Z}=\frac{1}{R}+\frac{1}{\mathrm{j}X_L}+\frac{1}{-\mathrm{j}X_C}$$

$$=\frac{1}{50}+\frac{1}{\mathrm{j}40}-\frac{1}{\mathrm{j}20}$$

$$=0.02+\mathrm{j}0.025.$$

由 $\tan\theta=\dfrac{0.025}{0.02}=1.25$，得 $\arg\dfrac{1}{Z}\approx0.896$，所以

$$\frac{1}{Z}\approx\sqrt{0.02^2+0.025^2}\ \mathrm{e}^{\mathrm{j}51.3°}\approx0.032\mathrm{e}^{\mathrm{j}0.896}$$

从而得到，并联电路中的总阻抗为 $Z\approx31.6\mathrm{e}^{-\mathrm{j}0.896}$.

与复数三角形式的乘除运算法则相似，我们可以直接写出复数极坐标形式的乘除运算法则.

设复数 $z_1=r_1\ \angle\theta_1$，$z_2=r_2\ \angle\theta_2$，$z=r\ \angle\theta$，则

$$z_1z_2=r_1r_2\ \angle\theta_1+\theta_2,$$

$$\frac{z_1}{z_2}=\frac{r_1}{r_2}\ \angle\theta_1-\theta_2\ (z_2\neq0),$$

$$z^n=r^n\ \angle n\theta\ (n\in\mathbf{N}).$$

例题解析

例 3 已知复数 $z_1=6\ \Big/\ \dfrac{3\pi}{4}$，$z_2=2\sqrt{3}\ \Big/\ \dfrac{\pi}{2}$，求 z_1z_2，$\dfrac{z_1}{z_2}$.

解 $z_1z_2=12\sqrt{3}\ \Big/\ \dfrac{3\pi}{4}+\dfrac{\pi}{2}=12\sqrt{3}\ \Big/\ \dfrac{5\pi}{4}$.

$$\frac{z_1}{z_2}=\frac{6}{2\sqrt{3}}\ \Big/\ \frac{3\pi}{4}-\frac{\pi}{2}=\sqrt{3}\ \Big/\ \frac{\pi}{4}.$$

2.3.3 复数乘法运算的几何意义

对于复数的加减运算，我们可以在复平面内用向量相加减的方法进行（平行四边形法则或三角形法则）. 对于复数的乘法运算，能否直接在复平面内进行呢？

下面我们通过一个例题来学习复数乘法运算的几何意义.

例题解析

例1 已知复数 $z = 2\underline{/\frac{\pi}{3}}$，求：

(1) zi，$\dfrac{z}{i}$；

(2) 将复数 $z = 2\underline{/\frac{\pi}{3}}$ 和 zi 所对应的向量画在同一个坐标系内，并观察它们的模与辐角分别有什么关系.

解 (1) 因为 i 可以表示为

$$i = \underline{/\frac{\pi}{2}},$$

所以有

$$zi = 2\underline{/\frac{\pi}{3}} \cdot \underline{/\frac{\pi}{2}} = 2\underline{/\frac{\pi}{3}+\frac{\pi}{2}} = 2\underline{/\frac{5\pi}{6}},$$

$$\frac{z}{i} = \frac{2\underline{/\frac{\pi}{3}}}{\underline{/\frac{\pi}{2}}} = 2\underline{/\frac{\pi}{3}-\frac{\pi}{2}} = 2\underline{/-\frac{\pi}{6}}.$$

(2) 在复平面上复数 zi 是由复数 $z = 2\underline{/\frac{\pi}{3}}$ 沿逆时针方向旋转 $\frac{\pi}{2}$ 而得到的（图 2-23），即复数 zi 与复数 z 的模相同，复数 zi 的辐角等于复数 z 的辐角加上 $\frac{\pi}{2}$.

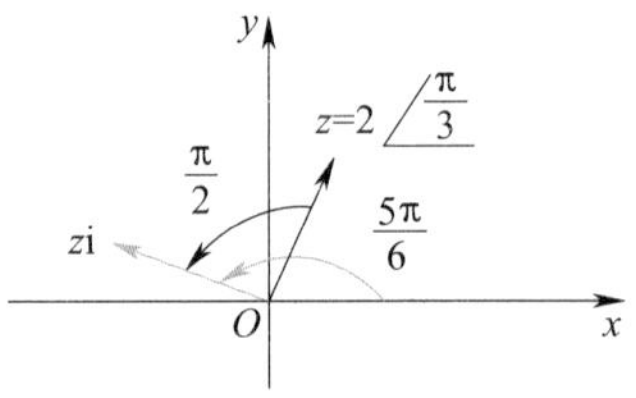

图 2-23

将上例的计算结果推广，如果复数 $z_1 = r_1 \underline{/\theta_1}$，$z_2 = r_2 \underline{/\theta_2}$ 分别对应向量 $\overrightarrow{OZ_1}$ 和 $\overrightarrow{OZ_2}$，那么 z_1z_2 对应的向量 $\overrightarrow{OZ}$ 可以通过如下方法得到：

先把 $\overrightarrow{OZ_2}$ 绕原点 O 沿逆时针方向旋转角 θ_1，然后把它的模伸长（当 $r_1 > 1$）或压缩（当 $r_1 < 1$）成原来的 r_1 倍，如图 2-24 所示，这就是**复数乘法的几何意义**.

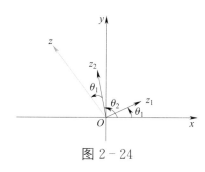

图 2-24

作为特例，$\underline{/\varphi}$ 是一个模为 1、辐角为 φ 的复数，任意复数 $z = r \underline{/\theta}$ 乘以 $\underline{/\varphi}$，等于模不变而将 $z = r \underline{/\theta}$ 沿逆时针方向旋转了 φ 角，所以 $\underline{/\varphi}$ 称为**旋转因子**. 当 $\varphi = \dfrac{\pi}{2}$ 时，由于 $i = \underline{/\dfrac{\pi}{2}}$，因此，i 是一个特殊的旋转因子，在交流电相量运算时有广泛的应用，复数每乘以 i，则表示逆时针旋转 $\dfrac{\pi}{2}$.

> **例题解析**

例 2 求复数 $z_1 = 5 \underline{/30°}$ 和 $z_2 = 2 \underline{/15°}$ 的乘积.

解 $z_1z_2 = 5 \times 2 \underline{/30° + 15°} = 10 \underline{/45°}$.

> **知识巩固 2**

计算下列各式：

(1) $3e^{i\frac{\pi}{2}} \cdot 2e^{i\frac{\pi}{3}} \cdot 5e^{-i\frac{\pi}{4}}$；

(2) $\left[25 \underline{\Big/\dfrac{2\pi}{3}} \right] \times \left[\dfrac{2}{5} \underline{\Big/ -\dfrac{\pi}{6}} \right] \times \left[\dfrac{7}{10} \underline{\Big/\dfrac{3\pi}{4}} \right]$.

试一试

复数 z 乘以 i，相当于将复数 z 所对应的向量按照_____时针方向旋转_____度；复数 z 乘以 i^2，相当于将复数 z 所对应的向量按照_____时针方向旋转_____度；复数 z 乘以 i^3，相当于将复数 z 所对应的向量按照_____时针方向旋转_____度（图 2-25）.

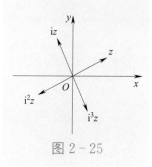

图 2-25

想一想

如果复数 z 分别除以 i，i^2，i^3，结果又将如何？

2.4　正弦量的复数表示

已知交流电路中的两个电流，$I_1 = 10\sqrt{2}\sin\left(100\pi t + \dfrac{\pi}{6}\right)$ 和

$I_2 = 5\sqrt{2}\sin\left(100\pi t - \dfrac{\pi}{4}\right)$，试分别确定它们的最大值及相位差 φ.

我们已经学习了电工学中正弦量的概念，知道交流电的电流、电压随时间 t 变化的规律可以用正弦型曲线 $y = A\sin(\omega t + \varphi)$ 来表示．正弦交流电的特征由频率（或周期）、最大值（或有效值）和初相来确定，这三者称为正弦量的三要素．

2.4.1　相量

在电工学中，正弦交流电的电压为 $u = U_m\sin(\omega t + \varphi_u)$，它恰好是复数 $U(t) = U_m\cos(\omega t + \varphi_u) + jU_m\sin(\omega t + \varphi_u)$ 的虚部，将这个复数转换成指数形式得

$$U(t) = U_m\cos(\omega t + \varphi_u) + jU_m\sin(\omega t + \varphi_u)$$
$$= U_m e^{j(\omega t + \varphi_u)} = e^{j\omega t}U_m e^{j\varphi_u}.$$

令复数 $\dot{U}_m = U_m e^{j\varphi_u}$，根据复数乘法的几何意义，从图 2-26 中可以清楚地看出复数 $U(t) = U_m e^{j(\omega t + \varphi_u)}$ 与复数 $\dot{U}_m = U_m e^{j\varphi_u}$ 之间的关系：

(1) 表达式 $\dot{U}_m = U_m e^{j\varphi_u}$ 是一个复数形式的常量，它的模是正弦电压 u 的最大值 U_m，辐角是正弦电压 u 的初相 φ_u.

(2) 旋转因子 $e^{j\omega t}$ 是一个模为 1，且在复平面上以角频率 ω 沿逆时针方向旋转的向量，可以认为旋转因子表示的是对应正弦量的角频率.

一般地，对于线性电路中的正弦交流电，由于频率已知，因

此只需求解正弦量的最大值（或有效值）及初相. 从以上分析可知，复数 $\dot{U}_m = U_m e^{j\varphi_u}$ 的模和辐角正好能反映正弦量的这两个要素. 因此，一个正弦量就可以用复数来表示了.

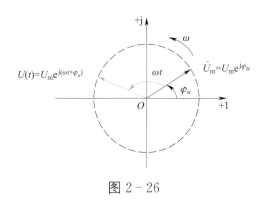

图 2 - 26

　　这种用复数进行正弦交流电路分析计算的方法称为**符号法**，用来表示正弦量的有效值（或最大值）及初相位的复数称为**相量**，故符号法又称为**相量法**.

　　为了与一般的复数相区别，常在表示相量的大写字母上加"·"符号.

提示　相量只是用于表示对应的正弦量，而不等于对应的正弦量. 只有在同频率正弦量的分析与计算中，才可以用相量表示对应的正弦量并进行分析与计算.

　　例如，正弦电压

$$u = U_m \sin(\omega t + \varphi_u) = \sqrt{2}U\sin(\omega t + \varphi_u),$$

这里的 U_m 是电压 u 的最大值（幅值），U 是电压 u 的有效值，正弦电压 u 所对应的相量表示为

$$\dot{U}_m = U_m e^{j\varphi_u} = U_m \underline{/\varphi_u} = U_m(\cos \varphi_u + j\sin \varphi_u),$$

$$\dot{U} = U e^{j\varphi_u} = U \underline{/\varphi_u} = U(\cos \varphi_u + j\sin \varphi_u).$$

其中，$\dot{U}_m$ 是**电压 u 的最大值（幅值）相量**，$\dot{U}$ 是**电压 u 的有效值相量**，两者的大小仅相差 $\sqrt{2}$ 倍，即 $\dot{U}_m = \sqrt{2}\dot{U}$.

　　再如，正弦电流

$$i = I_{m}\sin(\omega t + \varphi_{i}) = \sqrt{2}\,I\sin(\omega t + \varphi_{i}),$$

这里的 I_m 是电流 i 的最大值（幅值），I 是电流 i 的有效值，正弦电流 i 所对应的相量表示为

$$\dot{I}_{m} = I_{m}\mathrm{e}^{\mathrm{j}\varphi_{i}} = I_{m} \underline{/\varphi_{i}} = I_{m}(\cos\varphi_{i} + \mathrm{j}\sin\varphi_{i}),$$

$$\dot{I} = I\mathrm{e}^{\mathrm{j}\varphi_{i}} = I \underline{/\varphi_{i}} = I(\cos\varphi_{i} + \mathrm{j}\sin\varphi_{i}).$$

其中，$\dot{I}_m$ 是电流 i 的最大值（幅值）相量，$\dot{I}$ 是电流 i 的有效值相量，两者的大小仅相差 $\sqrt{2}$ 倍，即 $\dot{I}_m = \sqrt{2}\,\dot{I}$.

例题解析

例　用相量表示下列正弦量：

(1) $i = 15\sqrt{2}\sin(\omega t + 45°)$；

(2) $u = 10\sqrt{2}\sin(\omega t - 30°)$.

解　(1) 电流最大值相量 $\dot{I}_m = 15\sqrt{2}\underline{/45°}$.

电流有效值相量 $\dot{I} = 15\underline{/45°}$.

(2) 电压最大值相量 $\dot{U}_m = 10\sqrt{2}\underline{/-30°}$.

电压有效值相量 $\dot{U} = 10\underline{/-30°}$.

2.4.2　相量图

一个复数，其相量也可以用复平面上的有向线段来表示，这种表示相量的图形称为**相量图**.

在相量图中，能够形象、直观地表达出各个相量对应的正弦量的大小和相互间的相位关系. 从图 2-27a 中可以方便地看出 $\dot{U}$ 比 $\dot{I}$ 超前的相位角是 $60° - (-45°) = 105°$.

为使图面清晰，在画相量图时，可以不画出复平面的坐标轴，但相量的辐角应以实轴正方向为基准，逆时针方向的角度为正，顺时针方向的角度为负，如图 2-27b 所示.

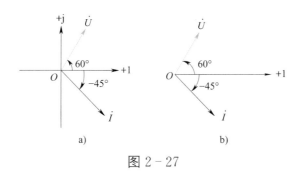

图 2-27

只有表示相同频率正弦量的相量才可以画在同一个相量图上. 图 2-27 中的 $\dot{U}$ 和 $\dot{I}$ 一定是表示同频率的正弦电压和正弦电流的相量.

▶ **例题解析**

例 1 已知电压幅值相量 $\dot{U}_m = 220\sqrt{2}\left(\cos\dfrac{\pi}{3} + j\sin\dfrac{\pi}{3}\right)$ 和复阻抗 $Z = 3 - j4$.

求电流幅值相量和电流瞬时值表达式（角度计算精确到 $1°$）.

解 因为 $Z = 3 - j4 \approx 5[\cos(-53°) + j\sin(-53°)]$，且 $\dfrac{\pi}{3} = 60°$，所以

$$\dot{I}_m = \frac{\dot{U}_m}{Z} = \frac{220\sqrt{2}\,(\cos 60° + j\sin 60°)}{5[\cos(-53°) + j\sin(-53°)]}$$

$$= 44\sqrt{2}\,(\cos 113° + j\sin 113°).$$

由电流幅值相量 $\dot{I}_m$ 的表达式可知：电流 i 的幅值大小为 $44\sqrt{2}$，初相为 $113°$.

电流瞬时值表达式为

$$i = 44\sqrt{2}\sin(\omega t + 113°).$$

例 2 已知两正弦电压分别为：$u_1 = 100\sqrt{2}\sin\left(\omega t + \dfrac{\pi}{3}\right)$，$u_2 = 50\sqrt{2}\sin\left(\omega t - \dfrac{\pi}{4}\right)$，求：

（1）有效值相量 $\dot{U}_1$ 和 $\dot{U}_2$；

（2）两电压之和的瞬时值 u，并画出相量图.

解　(1) $\dot{U}_1 = \dfrac{100\sqrt{2}}{\sqrt{2}} \Big/ \dfrac{\pi}{3} = 100\angle{60°} = 100\mathrm{e}^{\mathrm{j}60°} = 50 + \mathrm{j}86.6.$

$\dot{U}_2 = \dfrac{50\sqrt{2}}{\sqrt{2}} \Big/ -\dfrac{\pi}{4} = 50\angle{-45°} = 50\mathrm{e}^{-\mathrm{j}45°} = 35.4 - \mathrm{j}35.4.$

(2) 因为

$\qquad \dot{U} = \dot{U}_1 + \dot{U}_2$

$\qquad\quad = (50 + \mathrm{j}86.6) + (35.4 - \mathrm{j}35.4)$

$\qquad\quad = 85.4 + \mathrm{j}51.2$

$\qquad\quad \approx 99.6\angle{30.9°} = 99.6\mathrm{e}^{\mathrm{j}30.9°},$

所以

$\qquad u = 99.6\sqrt{2}\sin(\omega t + 30.9°).$

相量图如图 2-28 所示.

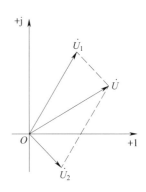

图 2-28

提示　相量（复数）的加减运算用代数形式更方便，可将复数的三角形式、极坐标形式、指数形式先转化为代数形式再运算.

例3　已知某元件有 $u = 10\sin 2t$，$i = 2\sin(2t - 30°)$ 的特性，求复阻抗 Z.

解　由已知条件，得

$$\dot{U} = \dfrac{10}{\sqrt{2}}\angle{0°}, \quad \dot{I} = \dfrac{2}{\sqrt{2}}\angle{-30°}.$$

因此，所求复阻抗为

$$Z = \dfrac{\dot{U}}{\dot{I}} = \dfrac{\dfrac{10}{\sqrt{2}}\angle{0°}}{\dfrac{2}{\sqrt{2}}\angle{-30°}} = 5\angle{30°}.$$

知识巩固

1. 已知 $u_1 = 311\sin(\omega t + 30°)$，$u_2 = 311\sin(\omega t - 90°)$，求：

(1) 相量 $\dot{U}_1$ 和 $\dot{U}_2$；

(2) 两电压之和的瞬时值 u；

（3）画出相量图.

2. 已知电路中某元件两端电压 $u = 50\sin(2t - 30°)$，通过电流 $i = 10\sin(2t + 15°)$，求元件的复阻抗 Z.

3. 试用相量法解答实例考察中的问题.

综合拓展

复数中数学思想"碰头会"

数学解题讲究的是使用最基本的思想方法，那么复数问题中主要有哪些基本的数学思想？

1. 函数思想

函数思想是一种重要的数学思想，有关复数的最值问题，常通过构造函数，利用函数的性质求解.

例 1 已知复数 $|z| = \dfrac{1}{2}$，则 $\left| z^2 - z + \dfrac{1}{4} \right|$ 的最大值是_____.

解析 设出复数 z 的代数形式，将问题转化为函数的最值问题.

设 $z = x + y\mathrm{i}$ $(x, y \in \mathbf{R})$. 因为 $|z| = \dfrac{1}{2}$，所以 $x^2 + y^2 = \dfrac{1}{4}$，则

$$\left| z^2 - z + \frac{1}{4} \right| = \left| \left(z - \frac{1}{2} \right)^2 \right| = \left| z - \frac{1}{2} \right|^2 = \left(x - \frac{1}{2} \right)^2 + y^2 = \frac{1}{2} - x.$$

因为 $-\dfrac{1}{2} \leqslant x \leqslant \dfrac{1}{2}$，所以当 $x = -\dfrac{1}{2}$ 时，$\left| z^2 - z + \dfrac{1}{4} \right|$ 有最大值 1.

总结 依据复数模的定义，将复数问题转化为实数问题.

2. 整体思想

对于有些复数问题，若从整体上去观察、分析题设条件，充分利用复数的有关概念、共轭复数的性质与模的意义等，对问题进行整体处理，能达到简化题目的效果.

例 2 设复数 z 和它的共轭复数 $\bar{z}$ 满足 $4z + 2\bar{z} = 3\sqrt{3} + \mathrm{i}$，求复数 z 的值.

解析 设 $z = a + b\mathrm{i}(a, b \in \mathbf{R})$，则 $4z + 2\bar{z} = 3\sqrt{3} + \mathrm{i}$ 可化为

$$2z + (2z + 2\overline{z}) = 3\sqrt{3} + i$$

由 $2z + 2\overline{z} = 4a$，整体代入，得

$$2z + 4a = 3\sqrt{3} + i,\ 6a + 2bi = 3\sqrt{3} + i$$

根据复数相等的充要条件，得 $a = \dfrac{\sqrt{3}}{2}$，$b = \dfrac{1}{2}$.

所以，$z = \dfrac{\sqrt{3}}{2} + \dfrac{1}{2}i$.

总结　在求解过程中，充分利用共轭复数的性质，整体代入可获得简捷、别具一格的解法.

3. 数形结合思想

在处理复数问题时，灵活的运用复数的几何意义，以数思形，以形助数，可使许多问题得到直观、快捷的解决.

例 3　已知复数 $z = (x - 2) + yi$ $(x,\ y \in \mathbf{R})$ 的模为 $\sqrt{3}$，求 $\dfrac{y}{x}$ 的最大值.

说明　本题要用到教材第 3 章中的相关知识，同学们可以在学习了第 3 章后再来研究数形结合思想.

解析　由 $|z| = |(x - 2) + yi| = \sqrt{3}$，得 $(x - 2)^2 + y^2 = 3$.

如图 2-29 所示，这是以 $(2, 0)$ 为圆心、$\sqrt{3}$ 为半径的圆. 设 $P(x,\ y)$ 是圆上一动点（除去 $(2 \pm \sqrt{3},\ 0)$），则 $\dfrac{y}{x}$ 就是直线 OP 的斜率. 过 O 作圆的切线 OP，OQ，根据图像可知，斜率的最大值

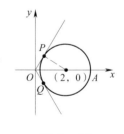

图 2-29

$$\left(\dfrac{y}{x}\right)_{\max} = \tan\angle AOP = \sqrt{3}.$$

总结　与复数有关的最值问题通常要利用复数的几何意义.

本章小结

　　本章我们通过虚数单位 i 引入复数的概念并学习了复数的相关知识. 在复数的代数形式学习中, 以虚数单位 i 的定义为基础, 围绕数的运算规律学习复数的四则运算, 实系数一元二次方程的根, 并利用向量表示复数. 在复数的三角形式、极坐标形式、指数形式学习中, 紧紧围绕模、辐角学习复数的乘除运算, 并将乘除运算运用于正弦量问题, 将复数的应用落到实处, 体现了数学的工具性.

　　复数的概念学习, 关键在于理解 i 的几何意义, 理解实部、虚部等有关概念. 复平面是复数用向量表示的内在联系, 也是推导三角形式的依据, 并为复数的极坐标形式和指数形式的学习打下了基础, 体现了数形结合的思想. 复数三角形式、极坐标形式、指数形式的乘除运算, 转化为模的乘除和辐角的加减, 简化了运算. 正弦量的复数表示, 在正弦型函数的基础上进一步简化, 通过符号法的运用更加形象、直观.

　　请根据本章所学知识, 将框图补充完整.

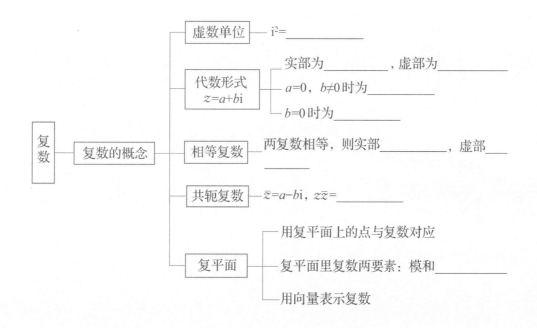

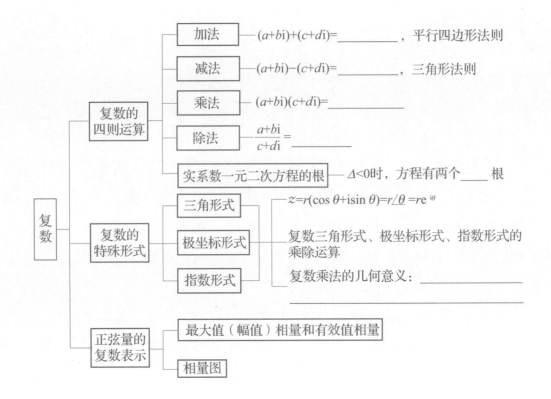

复数

- 复数的四则运算
  - 加法 —— $(a+bi)+(c+di)=$ _____ ，平行四边形法则
  - 减法 —— $(a+bi)-(c+di)=$ _____ ，三角形法则
  - 乘法 —— $(a+bi)(c+di)=$ _____
  - 除法 —— $\dfrac{a+bi}{c+di}=$ _____
  - 实系数一元二次方程的根 —— $\Delta<0$时，方程有两个 ____ 根
- 复数的特殊形式
  - 三角形式
  - 极坐标形式
  - 指数形式
  - $z=r(\cos\theta+i\sin\theta)=r\underline{/\theta}=re^{i\theta}$
  - 复数三角形式、极坐标形式、指数形式的乘除运算
  - 复数乘法的几何意义：_____
- 正弦量的复数表示
  - 最大值（幅值）相量和有效值相量
  - 相量图

复数与 5G 通信

在现代技术中，复数不仅是一个重要的理论概念，更是在实际工程应用中发挥了巨大作用的数学工具. 中国在 5G 领域的相关技术全球领先，5G 指第五代移动通信技术，其具有更快的传输速度、更低的延迟和更大的连接容量，并且支持智能城市、自动驾驶和物联网等应用场景. 复数则是处理复杂信号的核心工具，利用复数可以解决多路径干扰、频谱利用和传输速率优化等 5G 领域的核心关键问题.

通过复数的极坐标表示法，复数可以被表达为 $z = r(\cos\theta + i\sin\theta)$，其中 $r = \sqrt{a^2 + b^2}$ 是模，表示复数与原点的距离，$\theta = \tan^{-1}\dfrac{b}{a}$ 是辐角，表示复数与正实轴之间的夹角. 这种表示方法在信号处理中非常有用，因为信号的振幅和相位可以自然地用复数的模和辐角来描述. 例如，在无线通信中，电磁波的波动本质上可以用复数来表示，其中模表示信号的强度，辐角表示信号的相位. 这使得复数成为描述和处理信号的理想工具.

在现代通信技术中，信号不仅仅是简单的实数序列，往往是复杂的波形，这些波形可以通过复数的形式进行表示和操作. 特别是在 5G 中，信号的传输和接收涉及大量的复数运算，信号通过电磁波进行传输，信号强度和相位的变化会受到环境干扰，通过复数处理，系统可以有效地分离出这些不同路径的信号，并进行解调，从而确保数据的准确传输. 多输入多输出（Multiple-Input Multiple-Output，简称 MIMO）技术是 5G 的一个关键技术，它允许在同一频率上同时传输多个信号. 假设数据发送端有 m 根天线，接收端有 n 根天线，就创建了 $m \times n$ 条独立的信道路径，每个接收天线接收到的信号是发送天线发出的信号的线性组合再加上一些噪声. MIMO 技术通过这些不同的信道路径接收和传输多个并行的数据流，从而提高了数据传输速率，同时还能够通过空间分集来增强抗干扰和抗衰落的能力. 这种基于复数的运算技术显著提高了系统的容量，使得通信系统能够在有限的带宽内传输更多的数据.

复数在 5G 中的广泛应用充分展示了数学的力量. 我国在 5G 领域的发展中，不仅在硬件设备上取得了全球领先的地位，还通过复数信号处理技术大幅提升了通信系统的效率和性能. 中国的科技企业广泛应用复数相关的算法与技术，推动了 5G 领域相关设备的创新发展. 例如, 在 5G 的基站设计中, 采用了大量基于复数的信号处理算法, 如信道估计、抗干扰算法和 MIMO 技术的解码. 这些算法使系统在复杂环境中依然能够保持高效、稳定的通信性能. 从而使我们能够精确地描述和处理信号, 提升数据传输的效率和可靠性.

展望未来, 随着我国 6G 等技术的进一步发展, 复数将在更高速、更低延迟的通信系统中发挥更为重要的作用.

第 3 章

平面解析几何（Ⅰ）
——直线与圆的方程

  在数学的世界里，直线与圆是两个最基本且富有魅力的图形元素. 它们各自承载着独特的几何意义，以其特有的形态，在我们的日常生活中无处不在. 为了精确地描述这些图形，我们需要借助数学语言——方程.

  本章将在平面直角坐标系中研究直线与圆的方程，运用代数方法来研究直线与圆的有关性质、两条平行线的位置关系和点到直线的距离. 通过本章的学习，我们不仅能写出直线与圆的方程，而且能用所学的知识解决生活中的实际问题，更深入地感受数学独特的魅力和价值.

学习目标

1. 会利用两点间距离公式，探求线段中点坐标公式；学会使用坐标法解决平面几何中的一些简单问题，初步体会用代数方法研究几何图形的数学思想.

2. 会结合图形，探索确定直线位置的几何要素；会用直线的倾斜角和斜率的定义及计算公式，求经过两点的直线的斜率和倾斜角.

3. 会根据确定直线位置的几何要素，求直线的点斜式、斜截式方程并转化为一般式方程.

4. 会根据直线的斜率判断两条直线的位置关系；会求两条相交直线的交点坐标.

5. 会用公式求点到直线的距离及两条平行直线间的距离.

6. 能根据给定的圆的几何要素，求圆的标准方程与一般方程.

7. 能根据给定的直线与圆，判断直线与圆的位置关系，并体会用代数方法研究几何图形的数学思想.

8. 学会在直角坐标系中，利用直线与圆的知识解决一些简单的实际问题.

9. 了解参数方程的概念，会将曲线的参数方程化为普通方程.

10. 了解极坐标的概念，了解简单曲线的极坐标方程.

知识回顾

两点间的距离公式

数轴上两点间的距离公式

已知数轴上两点 A，B 的坐标分别为 x_1，x_2（图 3-1），则 A，B 两点间的距离为

$$|AB| = |x_2 - x_1|.$$

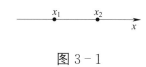

图 3-1

平面上两点间的距离公式

已知同一平面内的两点 A，B 的坐标分别为 $A(x_1,\ y_1)$，$B(x_2,\ y_2)$. 过 A，B 分别作 x，y 轴的垂线，垂线的延长线相交于点 C(图 3-2)，得到点 C 的坐标为 $(x_1,\ y_2)$，则

$$|BC| = |x_2 - x_1|,\quad |AC| = |y_2 - y_1|.$$

所以

$$|AB| = \sqrt{|BC|^2 + |AC|^2}$$
$$= \sqrt{(x_2 - x_1)^2 + (y_2 - y_1)^2}.$$

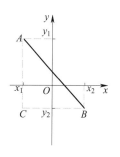

用代数的方法可以计算平面图形内两点之间的距离，并能确定线段的中点位置. 除此之外，能否用代数方法解决几何中的其他问题呢？

图 3-2

3.1 直线与方程

实例考察

我们知道，平面上的两点能确定唯一的一条直线. 如图 3-3 中，$A(2，3)$，$B(-4，-1)$.

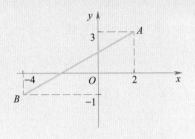

图 3-3

此时，经过点 A，B 的直线是唯一确定的，那么我们如何去描述这条直线呢？

3.1.1 直线的倾斜角和斜率

我们知道，平面上两点能确定一条直线 l，这两个已知点就是确定直线 l 的几何要素. 如果你看过钢索斜拉桥（如图 3-4 所示的上海徐浦大桥），就会发现，用于固定桥塔的每条斜拉钢索所在的直线都是由两个已知点（桥塔上一点和桥栏上一点）来确定的. 那么，一点能确定一条直线 l 的位置吗？

图 3-4

通过观察可以发现，在同一平面内的两条斜拉钢索尽管都过一定点 P，但由于倾斜程度不同，拉索所在的直线也不同．也就是说，如果知道了它的倾斜程度，则直线 l 就被确定了．那么，直线的倾斜程度应该用什么来表示呢？

如图 $3-5a$ 所示，在直角坐标系中，当直线 l 与 x 轴相交时，x 轴绕着交点按逆时针方向旋转到与直线重合时所形成的最小正角 α，可以很好地反映直线 l 的倾斜程度．我们把它称为直线 l 的**倾斜角**．如图 $3-5b$ 所示的上海徐浦大桥桥塔上过同一点 P 的两条拉索（同一平面内）中，左侧拉索所在直线的倾斜角 α_1 是锐角，右侧拉索所在直线的倾斜角 α_2 是钝角；图 $3-5c$ 中的直线 l 垂直于 x 轴，它的倾斜角 α 是 $90°$；图 $3-5d$ 中直线 l 垂直于 y 轴，我们规定它的倾斜角 α 是 $0°$．因此，直线 l 的倾斜角 α 的取值范围是

$$0°\leqslant\alpha<180° \ (\text{或写作} \ \alpha\in[0,\pi)).$$

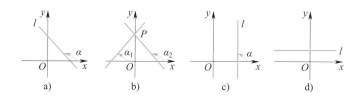

a)   b)   c)   d)

图 $3-5$

提示　确定直线的两个几何要素可以是直线上的两个点，也可以是直线上的一个点和倾斜角（或斜率）．

这样，平面直角坐标系内每一条直线都有一个确定的倾斜角 α，且倾斜程度不同的直线，其倾斜角不相等；倾斜程度相同的直线，其倾斜角相等．

当直线 l 的倾斜角 $\alpha\neq90°$ 时，α 与其正切 $\tan\alpha$ 是一一对应的，因此直线的倾斜程度也可以用 $\tan\alpha$ 来表示．

我们把直线倾斜角 α（$\alpha\neq90°$）的正切称为直线的**斜率**．通常用小写字母 k 表示，即

$$k=\tan\alpha \ (\alpha\neq90°).$$

由正切函数的知识，可以得到直线的倾斜角 α 与斜率 k 之间的关系如下：

当直线垂直于 y 轴时，$\alpha=0° \Leftrightarrow k=0$；

当直线的倾斜角是锐角时，$0°<\alpha<90° \Leftrightarrow k>0$；

当直线垂直于 x 轴时，$\alpha=90° \Leftrightarrow k$ 不存在；

当直线的倾斜角是钝角时，$90°<\alpha<180° \Leftrightarrow k<0$.

因此，任意一条直线都有倾斜角，但斜率不一定存在.

> **想一想**
>
> 我们平常所说的"斜坡很陡"就是指坡度很大，那么，坡度与斜率 k 有关系吗？

例题解析

例1 已知直线 l 过下列两点，求它的斜率 k.

(1) $P_1(-1, -4)$，$P_2(3, -1)$；

(2) $P_1(-2, 4)$，$P_2(2, 1)$.

解 如图 3-6 所示，设过两点 $P_1(x_1, y_1)$，$P_2(x_2, y_2)$ 的直线 l 的倾斜角为 $\alpha(\alpha \neq 90°)$，过 P_1 与 P_2 分别作 x 轴的平行线与 y 轴的平行线，两条线相交于点 Q，于是点 Q 的坐标为 (x_2, y_1).

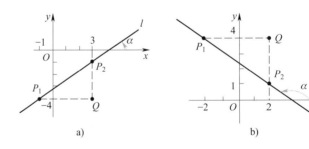

a)　　　　　　b)

图 3-6

(1) 图 3-6a 中，α 为锐角，且 $\alpha=\angle QP_1P_2$，点 Q 的坐标为 $(3, -4)$. 在直角三角形 P_1P_2Q 中，

$$\tan\alpha=\tan\angle QP_1P_2=\frac{|QP_2|}{|P_1Q|}$$

$$=\frac{y_2-y_1}{x_2-x_1}=\frac{-1-(-4)}{3-(-1)}=\frac{3}{4}.$$

所以，直线 l 的斜率 $k=\dfrac{3}{4}$.

(2) 图 3-6b 中，α 为钝角，且 $\alpha=180°-\angle QP_1P_2$，点 Q 的

> **想一想**
>
> 为什么 (1) 中，y_2-y_1 及 x_2-x_1 不加绝对值符号？

坐标为 (2，4). 因此，得

$$\tan \alpha = -\tan\angle QP_1P_2 = -\frac{|QP_2|}{|P_1Q|} = -\frac{y_1-y_2}{x_2-x_1}$$

$$= \frac{y_2-y_1}{x_2-x_1} = \frac{1-4}{2-(-2)} = -\frac{3}{4}.$$

所以，直线 l 的斜率 $k = -\frac{3}{4}$.

> **想一想**
>
> 为什么 (2) 中，y_1-y_2 及 x_2-x_1 不加绝对值符号？

事实上，无论直线的倾斜角 α 是锐角还是钝角，我们都能得到如下结论：

> 在平面直角坐标系中，经过两点 $P_1(x_1，y_1)$，$P_2(x_2，y_2)$（$x_1 \neq x_2$）的直线的**斜率公式**是
>
> $$k = \frac{y_2-y_1}{x_2-x_1}, \quad x_1 \neq x_2.$$

> **想一想**
>
> 1. 斜率公式 $k = \frac{y_2-y_1}{x_2-x_1}$ 能写成 $k = \frac{y_1-y_2}{x_1-x_2}$ 吗？
> 2. 当 $x_1=x_2$ 时，斜率公式能用吗？当 $y_1=y_2$ 时，斜率公式能用吗？

例题解析

例 2 已知直线 l 经过下列两点，求它的斜率 k，并确定倾斜角 α.

(1) $P_1(\sqrt{3}，-4)$，$P_2(2\sqrt{3}，-5)$；

(2) $P_1(3，\sqrt{3})$，$P_2(4，\sqrt{3})$；

(3) $P_1(3，-1)$，$P_2(3，4)$.

解 (1) 直线 l 的斜率 $k = \frac{y_2-y_1}{x_2-x_1} = \frac{-5-(-4)}{2\sqrt{3}-\sqrt{3}} = -\frac{\sqrt{3}}{3}$.

因为 $k = \tan\alpha = -\frac{\sqrt{3}}{3}$，所以直线 l 的倾斜角 $\alpha = 150°$.

(2) 直线 l 的斜率 $k = \frac{y_2-y_1}{x_2-x_1} = \frac{\sqrt{3}-\sqrt{3}}{4-3} = 0$.

因为 $k = \tan\alpha = 0$，所以直线 l 的倾斜角 $\alpha = 0°$.

(3) 由于 $x_1 = x_2 = 3$，所以直线 l 的斜率不存在，此时直线 l 的倾斜角 $\alpha = 90°$.

▶ **知识巩固 1**

1．已知直线 l 经过下列两点，求它的斜率 k，并确定倾斜角 α 的值．

(1) $P_1(2, 9)$，$P_2(-5, 2)$；

(2) $P_1(-3, 2)$，$P_2(3, 2)$；

(3) $P_1(3, 2)$，$P_2(3, -2)$；

(4) $P_1(\sqrt{3}, -1)$，$P_2(2\sqrt{3}, 0)$．

2．已知直线 l 经过下列两点，求它的斜率 k，并确定倾斜角 α 是锐角、直角还是钝角．

(1) $P_1(4, -4)$，$P_2(10, 8)$；

(2) $P_1(4, -3)$，$P_2(2, 7)$．

3.1.2　直线的方程

我们知道，一次函数 $y=2x+3$ 的图像是一条直线 l，其解析式 $y=2x+3$ 可以看作一个关于 x，y 的二元方程，而直线 l 上任意一点的坐标 (x, y) 都满足方程 $y=2x+3$．这时，我们就把方程 $y=2x+3$ 称为**直线 l 的方程**．即直线的方程是直线上任意一点的横坐标 x 和纵坐标 y 所满足的一个关系式．

在平面直角坐标系中，给定一个点 $P_0(x_0, y_0)$ 和斜率 k 或给定两个点 $P_1(x_1, y_1)$，$P_2(x_2, y_2)$，就能唯一确定一条直线．也就是说，平面直角坐标系中的点是否在这条直线上是完全确定的．那么，我们能否用上述给定的条件，将直线上任意一点的坐标 (x, y) 满足的关系式表达出来呢？答案是肯定的．

直线的点斜式方程

已知直线 l 经过点 $P_0(x_0, y_0)$，且斜率为 k．如图 3-7 所示，设点 $P(x, y)$ 是直线 l 上不同于点 P_0 的任意一点，由直线的斜率公式，得

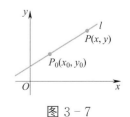

图 3-7

$$k=\frac{y-y_0}{x-x_0}.$$

将上式两边同乘以$(x-x_0)$，得

$$y-y_0=k(x-x_0). \qquad ①$$

因为点P_0的坐标(x_0, y_0)同样满足上述关系式，所以关系式①就是所求直线l的方程.

由于这个方程是由直线l上一定点$P_0(x_0, y_0)$和直线l的斜率k所确定的，所以把方程①称为**直线的点斜式方程**.

例题解析

例 求满足下列条件的直线l的方程：

(1) 过点$P_0(3, -1)$，倾斜角$\alpha=45°$；

(2) 过原点，斜率为-2；

(3) 过点$P_0(2, 4)$，倾斜角$\alpha=0°$；

(4) 过点$P_0(2, 4)$，倾斜角$\alpha=90°$；

(5) 过两点$P_1(2, 1)$，$P_2(3, -1)$.

解 (1) 因为直线的倾斜角$\alpha=45°$，所以直线的斜率$k=\tan 45°=1$.

又因为直线l过点$P_0(3, -1)$，由直线的点斜式方程，得直线l的方程为$y-(-1)=1(x-3)$，即

$$y=x-4.$$

(2) 由直线的点斜式方程，得直线l的方程为$y-0=-2(x-0)$，即

$$y=-2x.$$

(3) 由$k=\tan 0°=0$，得直线l的方程为$y-4=0(x-2)$，即

$$y=4.$$

(4) 因为直线l的倾斜角$\alpha=90°$，所以直线的斜率k不存在，故直线l的方程不能用点斜式表示，但这条直线上的每一个点的横坐标都等于2，所以直线l的方程为

$$x=2.$$

> **想一想**
>
> 第（1）小题的直线应怎样画？

> **想一想**
>
> 过点$P_0(x_0, y_0)$，垂直于x轴的直线方程是_____；过点$P_0(x_0, y_0)$，垂直于y轴的直线方程是_____.

(5) 由于直线 l 过两点 $P_1(2，1)$，$P_2(3，-1)$，所以

$$k = \frac{y_2 - y_1}{x_2 - x_1} = \frac{-1 - 1}{3 - 2} = -2.$$

由点斜式方程，得直线 l 的方程为 $y - 1 = -2(x - 2)$，即

$$2x + y - 5 = 0.$$

提示　把过两点 P_1，P_2 的直线转化为过一点 P_1 和直线的斜率 k 确定的直线.

知识巩固 2

1. 写出满足下列条件的直线的点斜式方程：

(1) 过点 $P_0(3，-1)$，斜率 $k = -2$；

(2) 过点 $P_0(-4，2)$，倾斜角 $\alpha = 60°$.

2. 已知直线的点斜式方程是 $y - 1 = x - 3$，则直线的斜率是_____，倾斜角是_____.

3. 求满足下列条件的直线 l 的方程：

(1) 过点 $P(2，0)$，斜率 $k = \sqrt{3}$；

(2) 过两点 $P_1(-6，2)$，$P_2(-4，-2)$；

(3) 过点 $P_0(2，-6)$，且平行于 x 轴；

(4) 过点 $P_0(2，-6)$，且平行于 y 轴.

直线的斜截式方程

如图 3-8 所示，点 P_0 是直线 l 与 y 轴的交点，设其坐标为 $(0，b)$，则我们把 b 称为**直线 l 在 y 轴上的截距**. 此时，直线 l 的点斜式方程为

$$y - b = k(x - 0)，$$

$$y = kx + b. \qquad ②$$

方程②是由直线 l 的斜率 k 和在 y 轴上的截距 b 确定的，所以把方程②称为**直线的斜截式方程**.

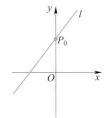

图 3-8

> **提示**　当 $k \neq 0$ 时，方程②就是我们已学过的一次函数. 在此，从另一角度验证了它的图像是一条直线，且一次项系数 k 为直线的斜率，常数项 b 为直线在 y 轴上的截距. 截距 b 可正可负，也可为零.

例题解析

例　求满足下列条件的直线 l 的方程：

(1) 斜率为 3，与 y 轴相交于点 $(0, -2)$；

(2) 倾斜角 $\alpha = \dfrac{2\pi}{3}$，在 y 轴上的截距为 3；

(3) 过点 $A(3, 0)$，且在 y 轴上的截距为 -2.

解　(1) 由 $k = 3$，$b = -2$，得直线 l 的方程为

$$y = 3x - 2.$$

(2) 由 $k = \tan \alpha = \tan \dfrac{2\pi}{3} = -\sqrt{3}$，$b = 3$，得直线 l 的方程为

$$y = -\sqrt{3}\,x + 3.$$

(3) 因为直线在 y 轴上的截距是 -2，即过点 $(0, -2)$，又因直线 l 过点 $A(3, 0)$，所以直线 l 的斜率

$$k = \frac{-2 - 0}{0 - 3} = \frac{2}{3}.$$

由直线的斜截式方程，得直线 l 的方程为

$$y = \frac{2}{3}x - 2.$$

若直线 l 与 x 轴相交于点 A，设其坐标为 $(a, 0)$，我们把 a 称为**直线 l 在 x 轴上的截距**.

> **想一想**
>
> 你还能用其他方法求出 (3) 中直线 l 的方程吗？

知识巩固 3

求满足下列条件的直线 l 的方程：

(1) 斜率为 -2，过点 $M(0, 4)$；

（2）倾斜角为 $\dfrac{\pi}{3}$，在 y 轴上的截距为 -4；

（3）与坐标轴相交于点 $A(-5，0)$，$B(0，4)$.

直线的一般式方程

从上述讨论可知，直线的方程无论是点斜式方程还是斜截式方程，都是关于 x，y 的二元一次方程. 二元一次方程的一般形式是

$$Ax+By+C=0 （A，B 不全为零）.$$

那么，形如 $Ax+By+C=0$（A，B 不全为零）的二元一次方程的图形是否为一条直线呢？我们通过下表来讨论这个问题.

<table>
<tr><td rowspan="2">试一试</td><td>A，B 的取值</td><td>方程的变化形式</td><td>图像</td><td>所表示直线的特性</td></tr>
</table>

<table>
<tr><th>A，B 的
取值</th><th>方程的
变化形式</th><th>图像</th><th>所表示直线的特性</th></tr>
<tr><td>$A=0$
$B\neq0$</td><td>$y=-\dfrac{C}{B}$</td><td>当 B，C 异号时的情形</td><td>与 y 轴垂直的直线（与 x 轴平行或重合的直线）</td></tr>
<tr><td>$B=0$
$A\neq0$</td><td>$x=-\dfrac{C}{A}$</td><td>当 A，C 异号时的情形</td><td>与 x 轴垂直的直线（与 y 轴平行或重合的直线）</td></tr>
<tr><td>$A\neq0$
$B\neq0$</td><td>$Ax+By+C=0$
也可写成
$y=-\dfrac{A}{B}x-\dfrac{C}{B}$</td><td>当 A，B 异号，B，C 同号时的情形</td><td>斜率为 $-\dfrac{A}{B}$，在 y 轴上的截距为 $-\dfrac{C}{B}$ 的直线</td></tr>
</table>

试一试

x 轴所在直线的方程是
_____；y 轴所在直线的方程是_____.

综上所述，方程 $Ax+By+C=0$（A，B 不全为零）在平面直角坐标系中表示的是一条直线.

我们把形如 $Ax+By+C=0$（A，B 不全为零）的二元一次方程称为**直线的一般式方程**.

▶ **例题解析**

例1 已知直线 l 经过点 $A(4，-2)$，斜率为 -2，求直线 l 的

点斜式方程、斜截式方程和一般式方程.

解　直线 l 经过点 $A(4,-2)$ 且斜率为 -2，则点斜式方程为

$$y+2=-2(x-4).$$

将方程 $y+2=-2(x-4)$ 变形后，得斜截式方程

$$y=-2x+6.$$

将方程 $y=-2x+6$ 移项后，得一般式方程

$$2x+y-6=0.$$

例2　已知直线 l 的方程为 $x+3y+6=0$，求直线 l 的斜率 k 和在坐标轴上的截距 a，b.

解　将直线 l 的一般式方程 $x+3y+6=0$ 移项后，得

$$3y=-x-6.$$

两边同时除以 3，得直线 l 的斜截式方程

$$y=-\frac{1}{3}x-2.$$

从而得到直线 l 的斜率 $k=-\frac{1}{3}$，在 y 轴上的截距 $b=-2$.

在方程 $x+3y+6=0$ 中，令 $y=0$，得 $x=-6$，所以直线在 x 轴上的截距 $a=-6$.

知识巩固4

1. 直线方程 $Ax+By+C=0$ 的系数 A，B，C 满足什么条件时，这条直线有以下性质：

(1) 只与 x 轴相交；

(2) 只与 y 轴相交；

(3) 是 x 轴所在直线；

(4) 是 y 轴所在直线.

2. 已知直线 l 经过点 $A(-3,2)$，斜率为 2，求直线 l 的点斜式方程、斜截式方程和一般式方程.

3. 已知直线 l 的方程为 $-4x+2y=3$，求直线 l 的斜率 k 和在 y 轴上的截距 b.

3.1.3　两条直线平行的判定

如图 3-9 所示，设直线 l_1 和 l_2 的倾斜角分别为 α_1 和 α_2，斜率分别为 k_1 和 k_2.

若 $l_1 /\!/ l_2$，则直线 l_1 与 l_2 的倾斜角相等，即

$$\alpha_1 = \alpha_2,$$

则 $\tan \alpha_1 = \tan \alpha_2$，即

$$k_1 = k_2.$$

因此，若 $l_1 /\!/ l_2$，则 $k_1 = k_2$.

若直线 l_1 与 l_2 不重合，且 $k_1 = k_2$，即

$$\tan \alpha_1 = \tan \alpha_2 \quad (\alpha_1, \alpha_2 \in [0, \pi)).$$

则 $\alpha_1 = \alpha_2$，得到

$$l_1 /\!/ l_2.$$

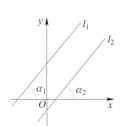

图 3-9

因此，若 $k_1 = k_2$，则 $l_1 /\!/ l_2$.

> 对于两条不重合的直线 l_1 与 l_2，若它们的斜率分别为 k_1 与 k_2，则有
>
> $$l_1 /\!/ l_2 \iff k_1 = k_2.$$

若它们的斜率都不存在，那么它们的倾斜角均为 $90°$，也有 $l_1 /\!/ l_2$.

例题解析

例 1　如图 3-10 所示，已知四边形 $ABCD$ 的四个顶点分别为 $A(-1, 2)$，$B(0, -2)$，$C(3, 1)$，$D(2, 5)$，判断四边形 $ABCD$ 是否为平行四边形.

解　由斜率公式可得

AB 所在直线的斜率 $k_{AB} = \dfrac{-2-2}{0-(-1)} = -4$，

CD 所在直线的斜率 $k_{CD} = \dfrac{5-1}{2-3} = -4$，

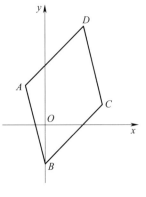

图 3-10

BC 所在直线的斜率 $k_{BC}=\dfrac{1-(-2)}{3-0}=1$，

AD 所在直线的斜率 $k_{AD}=\dfrac{5-2}{2-(-1)}=1$.

因为 $k_{AB}=k_{CD}$，$k_{BC}=k_{AD}$，所以 $AB/\!/CD$，$BC/\!/AD$.

因此，四边形 $ABCD$ 是平行四边形.

例2 求过点 $M(-1,3)$，且与直线 l：$y=-2x-3$ 平行的直线方程.

解 因为所求的直线与直线 l 平行，所以两直线的斜率相等，已知直线 l 的斜率 $k=-2$. 所以，所求直线的斜率为 -2.

由直线的点斜式方程得所求直线的方程为

$$y-3=-2(x+1)，$$

整理得直线的一般方程为 $2x+y-1=0$.

事实上，与直线
$$Ax+By+C_1=0$$
平行的直线 l 的方程可设为
$$Ax+By+C_2=0$$
$(C_1\neq C_2)$.
请你用此法做做看.

知识巩固 5

1. 判断下列各组内两条直线是否平行：

(1) l_1：$y=3x+4$，l_2：$y=3x-2$；

(2) l_1：$2x-3y+1=0$，l_2：$3x+2y-5=0$；

(3) l_1：$y=-2x+1$，l_2：$4x+2y-2=0$；

(4) l_1：$x=-1$，l_2：$x=3$.

2. 求过点 $(2,-3)$，且平行于直线 l_1：$3x-2y+2=0$ 的直线 l 的方程.

3.1.4 两条直线垂直的判定

设两条直线 l_1 与 l_2 的倾斜角分别为 α_1 与 α_2 $(\alpha_1,\alpha_2\neq90°)$，$l_1$ 的方程为 $y=k_1x+b_1$ $(k_1\neq0)$，l_2 的方程为 $y=k_2x+b_2$ $(k_2\neq0)$. 我们来讨论 $l_1\perp l_2$ 时它们的斜率 k_1 与 k_2 之间的关系.

由图 3-11a 可得

$$\alpha_1+(180°-\alpha_2)=90°，$$

则

$$\tan \alpha_1 = \frac{1}{\tan(180°-\alpha_2)} = \frac{1}{-\tan \alpha_2} = -\frac{1}{\tan \alpha_2}.$$

所以，$k_1 = -\dfrac{1}{k_2}$，即 $k_1 \cdot k_2 = -1$.

因此，斜率都存在的两条直线 l_1 与 l_2，当 $l_1 \perp l_2$ 时，必有 $k_1 \cdot k_2 = -1$. 反之，当 $k_1 \cdot k_2 = -1$ 时，有

$$k_1 = -\frac{1}{k_2},$$

则

$$\tan \alpha_1 = -\frac{1}{\tan \alpha_2} = \frac{1}{-\tan \alpha_2} = \frac{1}{\tan(180°-\alpha_2)}.$$

所以 $\alpha_1 + (180°-\alpha_2) = 90°$，即

$$l_1 \perp l_2.$$

因此，有

$$l_1 \perp l_2 \iff k_1 \cdot k_2 = -1.$$

如果两条直线 l_1 与 l_2 的斜率一个等于 0，另一个不存在，如图 3-11b 所示，显然，这两条直线也垂直.

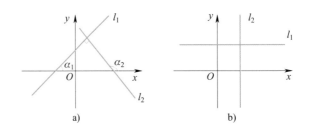

图 3-11

例题解析

例 1 已知四点 $A(3, 1)$，$B(8, 4)$，$C(3, -4)$，$D(-6, 11)$.

(1) 求直线 AB，CD 的斜率;

(2) 判断直线 AB 与 CD 的位置关系.

解 (1) $k_{AB}=\dfrac{4-1}{8-3}=\dfrac{3}{5}$,$k_{CD}=\dfrac{11-(-4)}{-6-3}=-\dfrac{5}{3}$.

(2) 因为 $k_{AB}\cdot k_{CD}=\dfrac{3}{5}\times\left(-\dfrac{5}{3}\right)=-1$,所以 $AB\perp CD$.

例2 求过点 $(3,-2)$,且垂直于直线 l_1:$x+2y-3=0$ 直线 l 的方程.

解 已知直线 l_1:$x+2y-3=0$ 的斜率 $k_1=-\dfrac{1}{2}$,因为 $l\perp l_1$,所以两直线的斜率满足 $k\cdot k_1=-1$,解得 $k=2$,则所求直线 l 的方程为 $y+2=2(x-3)$.

整理得直线 l 的一般方程为 $2x-y-8=0$.

> **试一试**
>
> 事实上,与直线
> $$Ax+By+C=0$$
> 垂直的直线 l 的方程可设为
> $$Bx-Ay+D=0.$$
> 请你用此法做做看.

知识巩固 6

1. 判断下列各组内两条直线是否垂直:

(1) l_1:$y=-2x+1$ 与 l_2:$x-2y-2=0$;

(2) l_1:$y=0$ 与 l_2:$x=-1$.

2. 求过点 $(2,3)$,且垂直于直线 $x-y-2=0$ 的直线方程.

3. 如图 3-12 所示,已知三角形 ABC 的三个顶点分别为 $A(-1,1)$,$B(4,0)$,$C(5,5)$,判断三角形 ABC 是否为直角三角形.

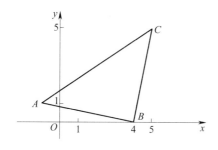

图 3-12

3.1.5 相交直线的交点

设平面内两条不重合的直线的方程分别是

$$l_1:A_1x+B_1y+C_1=0 \text{ 与 } l_2:A_2x+B_2y+C_2=0.$$

如果 l_1，l_2 不平行，则必然相交于一点，交点的坐标既满足 l_1 的方程，又满足 l_2 的方程，是这两个方程的公共解；反之，如果这两个方程只有一个公共解，那么以这个解为坐标的点必是 l_1 与 l_2 的交点. 因此求两条相交直线的交点，只需解以下方程组即可.

$$\begin{cases} A_1 x + B_1 y + C_1 = 0, \\ A_2 x + B_2 y + C_2 = 0. \end{cases}$$

这个方程组的解就是 l_1 与 l_2 的交点坐标.

例题解析

　例1　判断下列各对直线的位置关系，如果相交，求出交点坐标：

(1) l_1：$4x - 2y + 5 = 0$ 与 l_2：$2x - y + 7 = 0$；

(2) l_1：$y = 2x + 6$ 与 l_2：$3x + 4y - 2 = 0$.

　解　(1) 直线 l_1 可化为 $y = 2x + \dfrac{5}{2}$，得 $k_1 = 2$.

直线 l_2 可化为 $y = 2x + 7$，得 $k_2 = 2$.

因为 $k_1 = k_2$，所以 $l_1 /\!/ l_2$.

(2) l_1 的斜率 $k_1 = 2$.

l_2 可化为 $y = -\dfrac{3}{4}x + \dfrac{1}{2}$，得 $k_2 = -\dfrac{3}{4}$.

因为 $k_1 \neq k_2$，所以 l_1 与 l_2 相交. 交点坐标满足

$$\begin{cases} y = 2x + 6, \\ 3x + 4y - 2 = 0, \end{cases}$$

解得它们的交点坐标为 $(-2, 2)$.

　例2　已知某产品在市场上的供应数量 Q（单位：万件）与销售单价 P（单位：元）之间的关系为 $P - 3Q - 5 = 0$，需求数量 Q 与价格 P 之间的关系为 $P + 2Q - 25 = 0$. 试求市场的供需平衡点（合理销售价格及使供需相等的产品数量）.

　分析　产品的销售价格关系到利润大小，会影响供应数量；销售价格关系到购买者的承受能力，会影响需求数量. 供需平衡是一种市场规律，但若能事先估计价格与供应数量、需求数量之间的关系，且

关系是线性的，就能应用现有知识预测平衡点. 一个合理的销售价格 P 以及使供需相等的产品数量 Q 确定的点(P,Q)就是市场供需平衡点. 也就是说，P，Q 既要满足供应关系，又要满足需求关系.

解　由题设条件可知，供应关系和需求关系分别为

$$P-3Q-5=0,\ P+2Q-25=0.$$

它们的图像都是直线. 我们以数量为横轴，价格为纵轴，分别作出供应线和需求线，如图 3 - 13 所示. 从图中可以看出，供应量随价格的升高而增加，需求量随价格的升高而减少. 供应线与需求线的交点坐标，就是供需平衡时的数量和价格.

解方程组 $\begin{cases} P-3Q-5=0, \\ P+2Q-25=0, \end{cases}$ 得

$$P=17,\ Q=4.$$

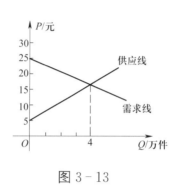

图 3 - 13

所以，当销售单价为 17 元时，供应数量和需求数量相等，达到平衡，均为 4 万件.

提示　一般地，当供应量大于需求量时，价格将要下跌，供应量小于需求量时，价格可能上涨，这就是所谓的供求规律.

知识巩固 7

1. 求直线 $2x-3y+5=0$ 与 $y=x+1$ 的交点坐标.

2. 判断下列各对直线的位置关系，如果相交，求出交点坐标：

(1) $l_1: 2x-y=7$ 与 $l_2: 4x+2y=1$；

(2) $l_1: 2x-6y+6=0$ 与 $l_2: x-3y+2=0$；

(3) $l_1: y=-2x+1$ 与 $l_2: y=\dfrac{1}{2}x-3$.

3.1.6　点到直线的距离

某人要以最短的距离走到前方公路上，应该怎样走？很明显，

这个人所走的路线应与公路垂直. 这条垂直线段的长度就是这个人（点）到公路（直线）的距离.

如图 3-14 所示，在平面直角坐标系中，已知点 $P_0(x_0, y_0)$，直线 l：$Ax+By+C=0$. 过点 P_0 作直线 l 的垂线 P_0Q，Q 为垂足，则垂线段 P_0Q 的长度就是点 P_0 到直线 l 的距离，记作 d.

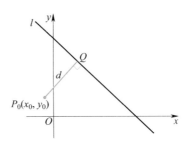

图 3-14

试一试

有兴趣的同学可以利用前面所学的知识来推导点到直线的距离公式.

想一想

当 $A=0$ 或 $B=0$ 时，点到直线的距离公式是否成立？请举例验证你的结论.

可以证明，点 $P_0(x_0, y_0)$ 到直线 l：$Ax+By+C=0$ 的距离公式为

$$d=\frac{|Ax_0+By_0+C|}{\sqrt{A^2+B^2}}.$$

例题解析

例1 求下列点到直线的距离：

(1) $P(-1, 3)$，$5x+12y-18=0$；

(2) $P(-3, 4)$，$y=2x+4$.

解 (1) 依题意：$x_0=-1$，$y_0=3$，$A=5$，$B=12$，$C=-18$，代入点到直线的距离公式，得

$$d=\frac{|5\times(-1)+12\times3-18|}{\sqrt{5^2+12^2}}=\frac{13}{13}=1.$$

(2) 依题意：$x_0=-3$，$y_0=4$，直线方程可化为

$$2x-y+4=0.$$

故 $A=2$，$B=-1$，$C=4$，代入点到直线的距离公式，得

$$d=\frac{|2\times(-3)+(-1)\times4+4|}{\sqrt{2^2+(-1)^2}}$$

$$= \frac{|-6-4+4|}{\sqrt{5}} = \frac{6}{\sqrt{5}} = \frac{6\sqrt{5}}{5}.$$

例 2　求两条平行直线 $3x-4y+4=0$ 和 $3x-4y-6=0$ 之间的距离.

分析　根据点到直线距离的定义可知，两条平行直线中的一条上的每一点到另一条直线的距离都相等.

解　在直线 $3x-4y+4=0$ 上取点 $(0,1)$，则点 $(0,1)$ 到直线 $3x-4y-6=0$ 的距离即为两平行线间的距离. 因此

$$d = \frac{|3\times0-4\times1-6|}{\sqrt{3^2+(-4)^2}} = 2.$$

提示　两条平行直线方程总可以化为：

$$l_1： Ax+By+C_1=0,$$
$$l_2： Ax+By+C_2=0,$$

则 l_1 和 l_2 之间的距离公式为

$$d = \frac{|C_2-C_1|}{\sqrt{A^2+B^2}}.$$

例 2 也可以用公式直接求得.

例 3　某零件如图 3-15 所示，试根据图示尺寸求 C 孔与 D 孔的中心距和 C 孔到直线 AB 的距离（单位：mm，保留两位小数）.

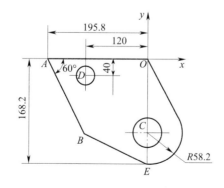

图 3-15

解　建立如图 3-15 所示直角坐标系. 因为 $|OC|=168.2-58.2=110$，所以由图 3-15 得

$$A(-195.8, 0),\ C(0, -110),\ D(-120, -40),$$

则 C 孔与 D 孔的中心距为

$$|CD| = \sqrt{(-120-0)^2 + (-40+110)^2} \approx 138.92 \text{ mm}.$$

因为 $\alpha_{AB} = 180° - 60° = 120°$，所以

$$k_{AB} = \tan 120° \approx -1.732.$$

因此，直线 AB 的点斜式方程为

$$y = -1.732(x + 195.8),$$

整理得

$$1.732x + y + 339.125\ 6 = 0.$$

所以 C 孔到直线 AB 的距离为

$$d = \frac{|1.732 \times 0 - 110 + 339.125\ 6|}{\sqrt{1.732^2 + 1^2}} \approx 114.57 \text{ mm}.$$

即 C 孔到直线 AB 的距离约为 114.57 mm，C 孔与 D 孔的中心距约为 138.92 mm.

知识巩固 8

1. 求下列点到直线的距离：

(1) $P(-1, 1)$，$x + 2y - 3 = 0$；

(2) $P(0, 3)$，$6x - 8y + 5 = 0$.

2. 求下列两条平行直线间的距离：

(1) $3x + y - 4 = 0$ 与 $3x + y - 9 = 0$；

(2) $3x + 4y - 10 = 0$ 与 $6x + 8y - 7 = 0$.

3. 已知点 $A(1, 3)$，$B(3, 1)$，$C(-1, 0)$，求三角形 ABC 的面积.

3.2　圆与方程

实例考察

某圆拱桥示意图如图 3－16 所示，该圆拱桥的跨度 AB 为 20 m，拱高 OP 为 4 m，在建造时，每隔 2 m 需用一个支柱支撑，求这些支柱的总长度.

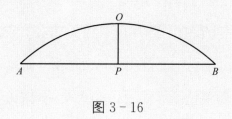

图 3－16

3.2.1　圆的标准方程

如图 3－17 所示，在平面直角坐标系中，已知一个圆以 $C(a，b)$ 为圆心，r 为半径. 设 $P(x，y)$ 是圆上任意一点，则 $|PC|=r$.

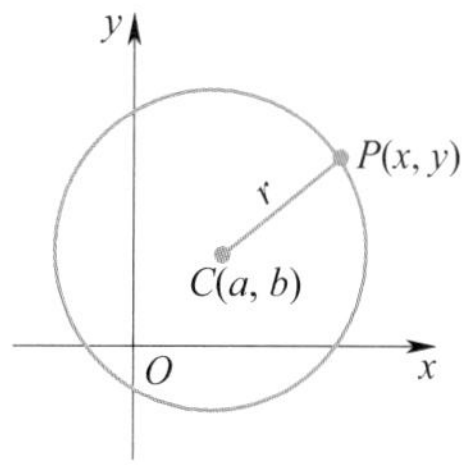

由两点之间的距离公式，可得关于点 P 的坐标的关系式：

$$\sqrt{(x-a)^2+(y-b)^2}=r.$$

将上式两边平方，得

$$(x-a)^2+(y-b)^2=r^2. \qquad ①$$

图 3－17

若点 $P(x，y)$ 在圆上，由上述讨论可知，点 P 的坐标满足方程①；反之，若点 P 的坐标 $(x，y)$ 满足方程①，则表明点 P 到圆心 C 的距离为 r，即点 P 在以点 C 为圆心的圆上. 所以方程①就是以点 $C(a，b)$ 为圆心，r 为半径的圆的方程. 我们称这个方程为**圆的标准方程**.

如果圆心在坐标系的原点，这时 $a=0$，$b=0$，那么圆的标准方程就是

$$x^2+y^2=r^2. \qquad\qquad ②$$

例题解析

例1 已知圆的标准方程为 $(x+1)^2+(y-2)^2=4$.

(1) 写出圆心 C 的坐标和半径；

(2) 确定点 $A(-1,4)$，$B(1,1)$，$D(0,1)$ 与圆的位置关系.

解 (1) 由圆的标准方程得 $a=-1$，$b=2$，$r^2=4$，所以圆心 C 的坐标为 $(-1,2)$，半径 $r=2$.

(2) 因为 $AC=\sqrt{(-1+1)^2+(4-2)^2}=2=r$，所以点 A 在圆上.

因为 $BC=\sqrt{(1+1)^2+(1-2)^2}=\sqrt{5}>r$，所以点 B 在圆外.

因为 $DC=\sqrt{(0+1)^2+(1-2)^2}=\sqrt{2}<r$，所以点 D 在圆内.

例2 如图 3-18 所示，有标号为 1 到 6 的六个圆.

(1) 找出方程 $(x-3)^2+(y-3)^2=1$ 和 $\left(x+\dfrac{7}{10}\right)^2+y^2=\dfrac{9}{100}$ 所对应的图形.

(2) 指出其余各圆的圆心坐标和圆的半径，并求其标准方程.

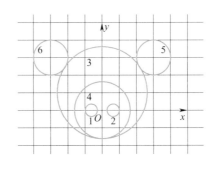

图 3-18

解 (1) $(x-3)^2+(y-3)^2=1$ 表示标号为 5 的"耳朵"，$\left(x+\dfrac{7}{10}\right)^2+y^2=\dfrac{9}{100}$ 表示标号为 1 的"眼睛".

(2) 其余各圆的圆心坐标、圆的半径、标准方程如下.

标号为 2 的圆：$C_2\left(\dfrac{7}{10},0\right)$，$r_2=\dfrac{3}{10}$，$\left(x-\dfrac{7}{10}\right)^2+y^2=\dfrac{9}{100}$；

标号为 3 的圆：$C_3(0,1)$，$r_3=\dfrac{5}{2}$，$x^2+(y-1)^2=\dfrac{25}{4}$；

标号为 4 的圆：$C_4(0, 0)$, $r_4 = \dfrac{3}{2}$, $x^2 + y^2 = \dfrac{9}{4}$;

标号为 6 的圆：$C_6(-3, 3)$, $r_6 = 1$, $(x+3)^2 + (y-3)^2 = 1$;

知识巩固 1

1. 根据下列各圆的标准方程，写出圆心坐标和半径：

(1) $(x-4)^2 + y^2 = 5$;

(2) $(x+3)^2 + (y+2)^2 = 16$;

(3) $x^2 + y^2 = 4$.

2. 写出下列各圆的标准方程并判断点 $A(-2, 1)$ 与它们的位置关系：

(1) 圆心为 $C(4, -2)$，半径为 4；

(2) 圆心在原点，且过点 $(-3, 4)$.

3.2.2 圆的一般方程

圆的方程还有一种形式. 我们看一个具体的例子. 如图 3-19 所示，已知圆的圆心为 $C(6, -5)$，半径 r 为 4. 由此，我们可以写出这个圆的标准方程

$$(x-6)^2 + (y+5)^2 = 16.$$

将上面的方程展开并整理得

$$x^2 + y^2 - 12x + 10y + 45 = 0.$$

我们把方程 $x^2 + y^2 - 12x + 10y + 45 = 0$ 称为这个圆的一般方程.

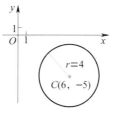

图 3-19

通常，如果形如

$$x^2 + y^2 + Dx + Ey + F = 0 \qquad ③$$

的方程能够表示一个圆，我们就把它称为**圆的一般方程**.

需注意的是，与方程③类似的方程并不都能表示一个圆. 例如方程 $x^2 + y^2 - 6x + 4y + 15 = 0$，配方得

$$(x-3)^2 + (y+2)^2 = -2.$$

由于这个方程无解，也就是说不存在点的坐标 $(x，y)$ 满足这个方程，所以这个方程不表示任何图形.

又如方程 $x^2+y^2+8x-2y+17=0$，配方得

$$(x+4)^2+(y-1)^2=0.$$

由于这个方程只有一组解，即 $x=-4$，$y=1$，所以这个方程表示的图形是一个点，即点 $(-4，1)$.

提示 当 $D^2+E^2-4F>0$ 时，方程③表示圆心 $\left(-\dfrac{D}{2}，-\dfrac{E}{2}\right)$，

半径 $r=\dfrac{\sqrt{D^2+E^2-4F}}{2}$ 的圆实心；

当 $D^2+E^2-4F<0$ 时，方程③不表示任何图形；

当 $D^2+E^2-4F=0$ 时，方程③表示点 $\left(-\dfrac{D}{2}，-\dfrac{E}{2}\right)$.

例题解析

例1 判断下列各方程表示的图形：

(1) $x^2+y^2+2x-4y-4=0$；

(2) $x^2+y^2-2x+1=0$；

(3) $x^2+y^2+6x-2y+11=0$.

解 (1) 方程 $x^2+y^2+2x-4y-4=0$ 配方，得

$$(x+1)^2+(y-2)^2=9.$$

所以，原方程表示的图形是圆心为 $(-1，2)$，半径为 3 的圆.

(2) 方程 $x^2+y^2-2x+1=0$ 配方，得 $(x-1)^2+y^2=0$，方程只有一个解 $x=1$，$y=0$.

所以，原方程表示的图形是一个点，这个点的坐标为 $(1，0)$.

(3) 方程 $x^2+y^2+6x-2y+11=0$ 配方，得 $(x+3)^2+(y-1)^2=-1$，这个方程没有实数解，原方程不表示任何图形.

例2 求过三点 $O(0，0)$，$A(1，1)$，$B(4，2)$ 的圆的方程，并求出它的圆心坐标和半径.

解 设圆的方程为

试一试

请你通过计算 D^2+E^2-4F 来确定例1中各方程表示的图形.

$$x^2 + y^2 + Dx + Ey + F = 0.$$

因为点 O，A，B 在圆上，所以

$$\begin{cases} F = 0, \\ 1 + 1 + D + E + F = 0, \\ 16 + 4 + 4D + 2E + F = 0, \end{cases}$$

解得 $D = -8$，$E = 6$，$F = 0$。

所以，所求圆的方程为

$$x^2 + y^2 - 8x + 6y = 0,$$

配方得 $(x-4)^2 + (y+3)^2 = 25$。

因此，所求圆的圆心坐标为 $(4, -3)$，半径为 5。

请同学们思考并完成实例考察中的问题。

试一试

请你根据圆的标准方程求解例 2，比较已知圆上三点的坐标求圆的方程，用哪种方法更简便？

▶ 知识巩固 2

1. 将下列圆的标准方程化为圆的一般方程：

(1) $(x-2)^2 + (y+3)^2 = 4$；

(2) $(x+1)^2 + (y+4)^2 = 2$。

2. 判断下列各方程表示的图形：

(1) $x^2 + y^2 + 2x - 4y + 4 = 0$；

(2) $x^2 + y^2 + 8x - 6y + 25 = 0$；

(3) $x^2 + y^2 - 4y + 9 = 0$；

(4) $2x^2 + 2y^2 - 4x - 5 = 0$。

3. 已知三角形 ABC 的顶点 $A(1, -1)$，$B(2, 0)$，$C(1, 1)$，求三角形 ABC 外接圆的方程，并求它的圆心坐标和半径。

3.2.3　直线与圆的位置关系

在平面几何中，我们已经学习过直线与圆的三种不同的位置关系及它们的判定方法。

已知圆 O 的半径为 r，设圆心 O 到直线 l 的距离为 d。

1. 直线和圆有两个公共点时，称为**直线与圆相交**(图 3 - 20a)，这时直线称为圆的**割线**. 直线 l 与圆 O 相交 $\Leftrightarrow d < r$.

2. 直线和圆有唯一公共点时，称为**直线与圆相切**(图 3 - 20b)，这时直线称为圆的**切线**，唯一的公共点称为**切点**. 直线 l 与圆 O 相切 $\Leftrightarrow d = r$.

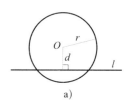

3. 直线和圆没有公共点时，称为**直线与圆相离**(图 3 - 20c). 直线 l 与圆 O 相离 $\Leftrightarrow d > r$.

以上应用了几何方法判定直线与圆的位置关系. 在平面直角坐标系中，圆的圆心为 $O(a,b)$，直线 l 的方程为 $Ax + By + C = 0$，则圆心 O 到直线 l 的距离 d 为

$$d = \frac{|Aa + Bb + C|}{\sqrt{A^2 + B^2}}.$$

图 3 - 20

比较 d 与 r 的大小，即可判定直线与圆的位置关系.

应用代数方法，从联立方程组

$$\begin{cases} Ax + By + C = 0, \\ (x-a)^2 + (y-b)^2 = r^2 \ 或 \ x^2 + y^2 + Dx + Ey + F = 0 \end{cases}$$

的解的个数，也能判定它们的位置关系. 通过方程组中的第一式解出 y，代入第二式，得出一个关于 x 的一元二次方程，由这个一元二次方程的判别式 Δ 的符号就能判定直线与圆是相交、相切，还是相离.

我们把上述讨论的直线与圆的位置关系及判定方法总结如下：

想一想

用什么方法可以在判定直线与圆的位置关系的同时，还能求出公共点的坐标?

位置关系	示意图形	代数方法	几何方法
		判别式 Δ	圆心到直线的距离 d
相交		$\Delta > 0$	$d < r$
相切		$\Delta = 0$	$d = r$
相离		$\Delta < 0$	$d > r$

例题解析

例1 判断直线 l：$4x-3y-8=0$ 与圆 C：$x^2+(y+1)^2=1$ 的位置关系，若有公共点，求出公共点坐标.

解 如图 3-21 所示，因为要求公共点的坐标，所以采用代数方法.

联立方程组 $\begin{cases} 4x-3y-8=0, & ① \\ x^2+(y+1)^2=1. & ② \end{cases}$

从①式解出 $y=\dfrac{4}{3}(x-2)$，代入②式，得

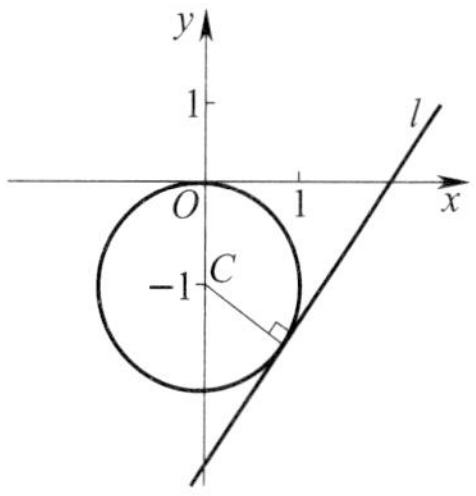

$$x^2+\left(\dfrac{4}{3}x-\dfrac{5}{3}\right)^2=1,$$

即 $25x^2-40x+16=0$.

因为 $\Delta=40^2-4\times25\times16=0$，方程组的解为

$$x=\dfrac{4}{5},\quad y=-\dfrac{8}{5}.$$

图 3-21

所以，直线 l 与圆 C 相切于点 $\left(\dfrac{4}{5},-\dfrac{8}{5}\right)$.

例2 已知圆 O 的方程是 $x^2+y^2=2$，直线 l：$y=x+b$. 问当 b 为何值时，直线与圆相交、相切、相离？

解 如图 3-22 所示，圆 O 的圆心为 $O(0,0)$，半径 $r=\sqrt{2}$，则圆心 O 到直线 l：$x-y+b=0$ 的距离

$$d=\dfrac{|0-0+b|}{\sqrt{1^2+(-1)^2}}=\dfrac{|b|}{\sqrt{2}}.$$

当 $d<r$，即 $\dfrac{|b|}{\sqrt{2}}<\sqrt{2}$，$-2<b<2$ 时，直线与圆相交；

当 $d=r$，即 $\dfrac{|b|}{\sqrt{2}}=\sqrt{2}$，$b=\pm2$ 时，直线与圆相切；

当 $d>r$，即 $\dfrac{|b|}{\sqrt{2}}>\sqrt{2}$，$b<-2$ 或 $b>2$

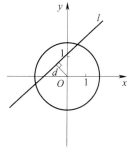

图 3-22

想一想

比较例1和例2，你能得到什么结论？

时，直线与圆相离.

例3　一艘轮船在沿直线返回港口的途中，接到指挥塔的警报：暗礁区中心位于轮船正西 70 km 处，范围是半径长为 30 km 的圆形区域. 已知港口位于暗礁区中心正北 40 km 处，如果这艘轮船不改变航线，它是否会受到暗礁的影响？

想一想

你是否还记得用坐标法解决几何问题的步骤？请说说看.

分析　如果这艘轮船的航线不通过受暗礁影响的圆形区域，那么它就不会受到影响，否则将会受影响. 因此，我们可以在直角坐标系中解决该问题.

解　如图 3-23 所示，以暗礁中心 O 为原点，以向东方向为 x 轴的正方向，建立直角坐标系. 则轮船原来的位置 $A(70，0)$，港口位置 $B(0，40)$，受暗礁影响的圆形区域所对应的圆的圆心 $O(0，0)$，半径 $r=30$.

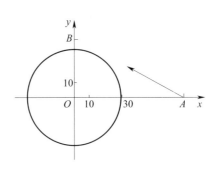

图 3-23

航线所在直线的斜率

$$k=\frac{0-40}{70-0}=-\frac{4}{7}，$$

想一想

如果不建立直角坐标系，你能用解三角形的知识解决例 3 的问题吗？

则航线所在直线的方程为

$$y=-\frac{4}{7}x+40.$$

即 $4x+7y-280=0$.

圆心 O 到航线所在直线的距离

$$d=\frac{|4\times0+7\times0-280|}{\sqrt{4^2+7^2}}\approx34.7>30.$$

因此，这艘轮船不会受到暗礁的影响.

知识巩固 3

1. 判断下列各组中直线 l 与圆 C 的位置关系：

(1) l：$x-y-1=0$，C：$x^2+y^2=13$；

(2) l：$4x-3y+6=0$，C：$x^2-8x+y^2+2y-8=0$；

(3) l：$2x-y+2\sqrt{2}=0$，C：$x^2+y^2=4$；

(4) l：$x+y-4=0$，C：$x^2+y^2=20$.

2. 直线 $4x+3y-40=0$ 和圆 $x^2+y^2=100$ 存在公共点吗？若存在，求出公共点的坐标；若不存在，请说明理由.

3.3   参数方程

平面上有一动点 A，其坐标表示为 $(1-2t,\ t)$，$t\in\mathbf{R}$，当 t 取遍所有实数时，请问动点 A 移动的轨迹是什么图形?

我们前面学习了直线的方程 $Ax+By+C=0$（A，B 不全为零）和圆的方程 $x^2+y^2+Dx+Ey+F=0$（$D^2+E^2-4F>0$）. 直线和圆的方程都可以表示为 $F(x,\ y)=0$ 的形式. 方程 $F(x,\ y)=0$ 描述了曲线上任一点的坐标 x，y 之间的关系，习惯上，我们把方程 $F(x,\ y)=0$ 称为曲线的**普通方程**.

下面，我们要学习曲线方程的另一种形式——参数方程.

3.3.1   参数方程的概念

如图 3-24 所示，直线的方程是 $y=x$，$P(x,\ y)$ 是直线上任意一点，现设有向线段 $\overrightarrow{OP}$ 的数量为 t（当点 P 在 x 轴上方时 $t>0$，当点 P 在 x 轴下方时 $t<0$，当点 P 与点 O 重合时 $t=0$），则点 P 的坐标 x，y 与变量 t 之间的关系为

$$\begin{cases} x=t\cos 45^\circ=\dfrac{\sqrt{2}}{2}t, \\ y=t\sin 45^\circ=\dfrac{\sqrt{2}}{2}t. \end{cases}$$

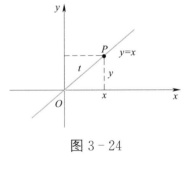

图 3-24

> **提示**   有向线段是指规定了起点和终点的线段. 例如，有向线段 $\overrightarrow{OP}$，O 为起点，P 为终点.

一般地，如果曲线上任意一点 $P(x,\ y)$ 的坐标 x，y 都能用某一个变量 t 的函数来表示，即

$$\begin{cases} x=f(t), \\ y=g(t). \end{cases}$$

则称这个方程组是曲线的**参数方程**，变量 t 叫做**参变数**，简称**参数**.

参数是联系曲线上任意一点 $P(x，y)$ 的坐标 $x，y$ 的桥梁，它可以是一个有几何意义或物理意义的变量，也可以是没有实际意义的变量. 请同学们思考并完成实例考察中的问题.

例题解析

例1 已知直线的一般方程是 $2x-y+3=0$，若选取参数 $t=-2x$，试写出直线的参数方程.

解 由 $t=-2x$，得 $x=-\dfrac{t}{2}$.

将 $x=-\dfrac{t}{2}$ 代入 $2x-y+3=0$ 消去 x 得 $y=-t+3$.

所以，当参数 $t=-2x$ 时，直线的参数方程是

$$\begin{cases} x=-\dfrac{t}{2}, \\ y=-t+3. \end{cases}$$

例2 已知直线过点 $A(0，1)$，且倾斜角是 $\dfrac{\pi}{6}$. 请选取适当的参数 t，写出直线的参数方程.

解 如图3-25所示，点 $P(x，y)$ 是直线上任意一点，选取有向线段 $\overrightarrow{AP}$ 的数量为 t（当点 P 在点 A 上方时 $t>0$，当点 P 在点 A 下方时 $t<0$，当点 P 与点 A 重合时 $t=0$），则

$$x=t\cos\dfrac{\pi}{6}=\dfrac{\sqrt{3}}{2}t,$$

$$y=t\sin\dfrac{\pi}{6}+1=\dfrac{1}{2}t+1.$$

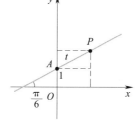
图3-25

想一想

直线的参数方程是唯一的吗？如果参数 t 选定，则直线的参数方程是否唯一？

所以，直线的参数方程是 $\begin{cases} x = \dfrac{\sqrt{3}}{2}t, \\ y = \dfrac{1}{2}t + 1. \end{cases}$

一般地，过点 $P_0(x_0, y_0)$，倾斜角为 α 的直线的参数方程为

$$\begin{cases} x = x_0 + t\cos\alpha, \\ y = y_0 + t\sin\alpha. \end{cases} \quad (t \text{ 为参数})$$

知识巩固 1

1. 已知抛物线的普通方程是 $y = x^2 - 3$，若选取参数 $t = \dfrac{1}{3}x$，试写出抛物线的参数方程.

2. 已知直线过点 $A(1, 0)$，且倾斜角是 $\dfrac{\pi}{3}$，试写出直线的参数方程.

3. 已知直线过点 $A(1, 2)$，且倾斜角是 $135°$，试写出直线的参数方程.

3.3.2　圆的参数方程

如图 3-26 所示，设圆心在原点、半径为 r 的圆 O 与 x 轴的正半轴的交点是 A. 设在圆上的点从点 A 开始按逆时针方向运动到达点 P，$\angle AOP = \theta$. 则点 P 的位置与旋转角 θ 有关. 当 θ 确定时，点 P 在圆上的位置也就确定了. 点 $P(x, y)$ 的坐标 x，y 都是 θ 的函数，由三角函数的定义，得

$$\begin{cases} x = r\cos\theta, \\ y = r\sin\theta. \end{cases}$$

从而得到，圆心在原点、半径为 r 的圆的参数方程是

$$\begin{cases} x = r\cos\theta, \\ y = r\sin\theta. \end{cases} \quad (\theta \text{ 为参数})$$

如图 3-27 所示，已知圆的圆心为点 $C(a, b)$，半径为 r，$P(x, y)$ 是圆上任意一点，x 轴正方向到有向线段 $\overrightarrow{CP}$ 的转角为 θ，选取 θ 为参数，则圆的参数方程是

$$\begin{cases} x = a + r\cos\theta, \\ y = b + r\sin\theta. \end{cases} \quad (\theta \text{ 是参数})$$

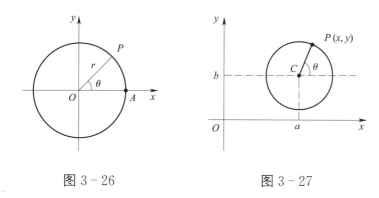

图 3-26   图 3-27

知识巩固 2

1. 已知圆的圆心在原点，半径为 6，试写出圆的参数方程.

2. 已知圆的圆心在 $C(-3, 4)$，半径为 3，试写出圆的参数方程.

3. 已知圆的圆心在 $C(2, -3)$，半径为 5，试写出圆的参数方程.

3.3.3　化参数方程为普通方程

将曲线的参数方程化为普通方程，有利于识别曲线的类型.

曲线的参数方程和普通方程是曲线方程的不同形式，它们都表示曲线上任意一点的坐标之间的关系. 曲线的参数方程 $\begin{cases} x = f(t), \\ y = g(t) \end{cases}$ 消去参数 t 后即化为曲线的普通方程，但要注意的是消参数的过程中一定要保证不使曲线的范围发生改变.

例题解析

例　把下列参数方程化为普通方程，并说明它们各表示什么曲线：

(1) $\begin{cases} x=\sqrt{t}+1, \\ y=1-2\sqrt{t}; \end{cases}$ （t 为参数）

(2) $\begin{cases} x=-2+3\cos\theta, \\ y=1-3\sin\theta. \end{cases}$ （θ 为参数）

解 (1) 由 $x=\sqrt{t}+1$，得 $\sqrt{t}=x-1$，代入 $y=1-2\sqrt{t}$，得到 $y=-2x+3$.

又因为 $x=\sqrt{t}+1\geqslant 1$，所以与参数方程等价的普通方程是

$$y=-2x+3\ (x\geqslant 1).$$

它是以点$(1,1)$为端点的一条射线（包含端点）.

(2) 由 $\begin{cases} x=-2+3\cos\theta, \\ y=1-3\sin\theta, \end{cases}$ 得 $\begin{cases} \cos\theta=\dfrac{x+2}{3}, \\ \sin\theta=\dfrac{1-y}{3}. \end{cases}$

由 $\cos^2\theta+\sin^2\theta=1$，得到 $\left(\dfrac{x+2}{3}\right)^2+\left(\dfrac{1-y}{3}\right)^2=1$.

所以，与参数方程等价的普通方程是

$$(x+2)^2+(y-1)^2=9,$$

它是以$(-2,1)$为圆心，3 为半径的圆.

知识巩固 3

把下列曲线的参数方程化为普通方程：

(1) $\begin{cases} x=3t+5, \\ y=t-6; \end{cases}$ （t 为参数）

(2) $\begin{cases} x=-2t, \\ y=t^2-t+1; \end{cases}$ （t 为参数）

(3) $\begin{cases} x=2+\sqrt{6}\cos\theta, \\ y=\sqrt{6}\sin\theta. \end{cases}$ （θ 为参数）

3.4 极坐标及应用

实例考察

在实际生活中，经常需要确定某个目标的方位. 如图 3-28 所示是某校园的平面示意图. 假设某同学在教学楼处，请你直接回答下列问题.

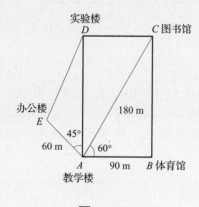

图 3-28

问题一 他向东偏北 60° 走了 180 m 后到达什么位置? 该位置唯一确定吗?

问题二 如果有人打听体育馆和办公楼的位置，他应如何描述?

3.4.1 极坐标系的概念

实例考察中的问题，如果以 A 为基点，以射线 AB 为参照方向，利用与点 A 的距离以及与射线 AB 所成的角，就可以直接回答.

事实上，在台风预报、地震预报、测量、航空、航海等方面，需要确定目标的方位时，若采用直角坐标系，不仅坐标轴难以选择，而且点的坐标也不便确定，这时，我们可以建立一个新的坐标系来解决问题.

如图 3-29 所示，在平面内取一定点 O，称为**极点**，自极点 O 引一条射线 Ox，称为**极轴**，再选定一个长度单位，并取逆时针方向为角的正方向，这样就建立了一个**极坐标系**.

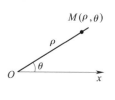

图 3-29

设点 M 是平面上任意一点，极点 O 与点 M 的距离 $|OM|$ 称为点 M 的**极径**，记作 ρ；以极轴 Ox 为始边，射线 OM 为终边的角称为点 M 的**极角**（一般以弧度为单位），记作 θ. 有序数对 (ρ, θ) 称为点 M 的**极坐标**，记作 $M(\rho, \theta)$.

一般情况下，无特殊说明时，我们规定：$\rho \geqslant 0$，$0 \leqslant \theta < 2\pi$. 这时，除极点外，平面上的点可用唯一的极坐标 (ρ, θ) 表示；同时，极坐标 (ρ, θ) 表示的点也是唯一确定的. 对于极点，我们约定，它的极坐标是 $(0, \theta)$，极角 θ 可取任意角.

提示	在实际问题中，极角的范围有时也可以取 $-\pi < \theta \leqslant \pi$.

例题解析

例 1 在极坐标系中，作出下列各点：

$$A\left(2, \frac{\pi}{4}\right), \qquad B\left(3, \frac{2\pi}{3}\right), \qquad C\left(5, \frac{7\pi}{6}\right),$$

$$D\left(6, \frac{23\pi}{12}\right), \qquad E\left(6, \frac{3\pi}{2}\right), \qquad F(4, \pi).$$

解 点 A，B，C，D，E，F 的位置如图 3-30 所示.

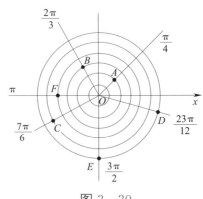

图 3-30

例 2　在数控加工时，要在图 3-31a 中各点处加工孔，若用极坐标方式编程，试求各点的极坐标。其中，点 P_0 在圆心位置上，点 P_2，P_3 在 $R40$ 的圆周上，点 P_1，P_4，P_5，P_8 在 $R35$ 的圆周上，点 P_6，P_7 在 $R30$ 的圆周上。

解　设 P_0 为极点，建立如图 3-31b 所示的极坐标系，则各点的极坐标分别为：

$$P_0(0,\ 0),\ P_1\left(35,\ \frac{\pi}{9}\right),\ P_2\left(40,\ \frac{\pi}{9}\right),\ P_3\left(40,\ \frac{\pi}{3}\right),\ P_4\left(35,\ \frac{\pi}{3}\right),$$

$$P_5\left(35,\ \frac{5\pi}{18}\right),\ P_6\left(30,\ \frac{5\pi}{18}\right),\ P_7\left(30,\ \frac{\pi}{6}\right),\ P_8\left(35,\ \frac{\pi}{6}\right).$$

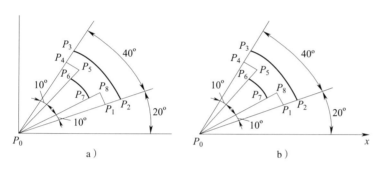

图 3-31

极坐标系和直角坐标系是两种不同的平面坐标系，但它们之间有着密切的联系。把直角坐标系的原点作为极点，x 轴的正半轴作为极轴，并在两种坐标系中取相同的长度单位。如图 3-32 所示，设 M 是平面上任意一点，它的直角坐标是 $(x,\ y)$，极坐标是 $(\rho,\ \theta)$，则它们之间的关系是：

$$\begin{cases} x = \rho\cos\theta, \\ y = \rho\sin\theta, \end{cases}$$

或

$$\begin{cases} \rho^2 = x^2 + y^2, \\ \tan\theta = \dfrac{y}{x}\ (x \neq 0). \end{cases}$$

这就是极坐标与直角坐标的互化公式。

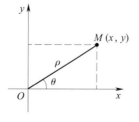

图 3-32

想一想

将点的直角坐标化成极坐标时，极角应该如何确定？

▶ **例题解析**

例 3 把点 M 的极坐标 $\left(4, \dfrac{2\pi}{3}\right)$ 化成直角坐标.

解 由互化公式得 $\begin{cases} x = 4\cos\dfrac{2\pi}{3} = -2, \\ y = 4\sin\dfrac{2\pi}{3} = 2\sqrt{3}. \end{cases}$

因此，点 M 的直角坐标是 $(-2, 2\sqrt{3})$.

例 4 把点 M 的直角坐标 $(-\sqrt{3}, -1)$ 化成极坐标.

解 由 $\begin{cases} \rho^2 = (-\sqrt{3})^2 + (-1)^2 = 4, \\ \tan\theta = \dfrac{-1}{-\sqrt{3}} = \dfrac{\sqrt{3}}{3}, \end{cases}$ 以及点 M 在第三象限，得

$$\rho = 2, \quad \theta = \dfrac{7\pi}{6}.$$

因此，点 M 的极坐标是 $\left(2, \dfrac{7\pi}{6}\right)$.

▶ **知识巩固 1**

1. 在极坐标系中作出下列各点：

$$A(1, 0), \ B\left(2, \dfrac{\pi}{4}\right), \ C\left(3, \dfrac{2\pi}{3}\right),$$

$$D\left(4, \dfrac{7\pi}{6}\right), \ E\left(5, \dfrac{\pi}{2}\right), \ F(6, \pi).$$

2. 在图 3-28 中，点 A，B，C，D，E 分别表示教学楼、体育馆、图书馆、实验楼、办公楼的位置，请建立适当的极坐标系，写出各点的极坐标.

3. 将下列各点的极坐标化为直角坐标：

(1) $A(1, 0)$；　　　　　　　(2) $B\left(\sqrt{2}, \dfrac{\pi}{4}\right)$；

(3) $C\left(3, \dfrac{2\pi}{3}\right)$；　　　　　(4) $D\left(4, \dfrac{7\pi}{6}\right)$.

4. 将下列各点的直角坐标化为极坐标:

(1) $A(\sqrt{3}, 3)$;　　　　　(2) $B(0, 5)$;

(3) $C(-1, -1)$;　　　　(4) $D(4, -4\sqrt{3})$.

3.4.2　曲线的极坐标方程

在直角坐标系中，曲线可以用关于 x，y 的二元方程 $F(x, y)=0$ 来表示，方程 $F(x, y)=0$ 是曲线的直角坐标方程. 同理，在极坐标系中，曲线也可以用含有 ρ 和 θ 的二元方程 $f(\rho, \theta)=0$ 来表示，方程 $f(\rho, \theta)=0$ 称为曲线的**极坐标方程**.

求曲线的极坐标方程的方法和步骤与求曲线的直角坐标方程类似，即把曲线看成是适合某种条件的点的集合或轨迹，将已知条件用曲线上点的极坐标 ρ 和 θ 的关系式 $f(\rho, \theta)=0$ 表示出来，从而得到曲线的极坐标方程.

▶ **例题解析**

例 1　求经过点 $A(\rho_0, \theta_0)$，且与极轴所成角为 α 的直线 l 的极坐标方程.

解　如图 3-33 所示，设 $P(\rho, \theta)$ 为直线上任意一点.

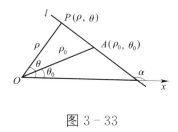

图 3-33

在 $\triangle POA$ 中，

$$\angle OPA = \alpha - \theta,$$

$$\angle OAP = \theta_0 + (\pi - \alpha) = \pi - (\alpha - \theta_0).$$

由正弦定理，得

$$\frac{\rho}{\sin\angle OAP} = \frac{\rho_0}{\sin\angle OPA},$$

即

$$\frac{\rho}{\sin[\pi-(\alpha-\theta_0)]}=\frac{\rho_0}{\sin(\alpha-\theta)},$$

$$\rho\sin(\theta-\alpha)=\rho_0\sin(\theta_0-\alpha).$$

所以，直线的极坐标方程为 $\rho\sin(\theta-\alpha)=\rho_0\sin(\theta_0-\alpha)$.

例2 求圆心在 $C(4, 0)$，且过极点 O 的圆 C 的极坐标方程.

解 如图 3-34 所示，设 $P(\rho, \theta)$ 为圆上任意一点.

由题意得，圆的半径 $OC=4$.

在直角三角形 POB 中，$OP=\rho$，$OB=8$，$\angle POB=\theta$.

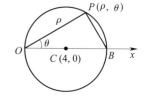

由 $OP=OB\cos\angle POB$，得

$$\rho=8\cos\theta.$$

图 3-34

所以，所求圆 C 的极坐标方程为 $\rho=8\cos\theta$.

例3 将下列圆的方程进行直角坐标方程与极坐标方程的互化：

(1) $\rho=8\cos\theta$; (2) $x^2+y^2=4y$.

解 (1) 方程 $\rho=8\cos\theta$ 的两边同乘以 ρ，得

$$\rho^2=8\rho\cos\theta.$$

由互化公式得

$$x^2+y^2=8x.$$

(2) 由互化公式得

$$\rho^2=4\rho\sin\theta,$$

即

$$\rho=4\sin\theta\ (\rho=0\ 已含在此方程内).$$

知识巩固2

1. 在极坐标系中，求满足下列条件的直线或圆的极坐标方程：

(1) 过极点，倾斜角为 $\dfrac{\pi}{4}$ 的直线；

(2) 过点 $A\left(4, \dfrac{\pi}{3}\right)$，且和极轴平行的直线；

（3）圆心在 $C\left(2,\dfrac{\pi}{2}\right)$，半径为 2 的圆.

2. 把下列直角坐标方程化为极坐标方程：

（1）$x=5$；　　　　　　　　（2）$y=-6$；

（3）$3x+4y=0$；　　　　　　（4）$x^2+y^2=25$.

3. 把下列极坐标方程化为直角坐标方程：

（1）$\rho=5$；　　　　　　　　（2）$\theta=\dfrac{\pi}{6}$；

（3）$\rho=5\cos\theta$；　　　　　（4）$\rho^2\sin2\theta=16$.

3.5　解析几何应用实例

实例考察

　　你能利用学过的知识求出图 3-35a 中 $R10$ 圆弧所在的圆心 D 以及切点 B 与 C 的坐标吗？

　　在生产加工中我们经常会遇到一些测量、检验尺寸（如点到直线的距离）以及有关点的坐标（如图 3-35b 所示圆心、切点的坐标）的计算. 平面解析几何能利用简单的数学方程来准确地描述零件轮廓的几何形状，因此分析、计算过程往往比较简单，并减少了较多层次的中间运算，可使计算误差大大减小. 特别是在数控机床加工的手工编程中，平面解析几何计算法是应用较普遍的计算方法之一. 由于我们在加工中常见的零件轮廓都由直线和圆弧组成，本节将通过一些实例来介绍利用直线和圆方程进行计算的方法.

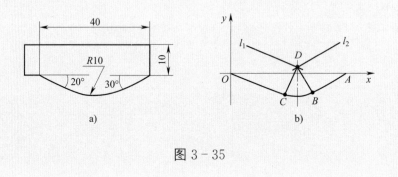

图 3-35

3.5.1　有关检验、控制尺寸的计算

　　一些控制、检验尺寸在零件图样上并没有直接加以标注，但在实际加工时必须要知道，这时就需要我们通过计算解决. 下面结合例子来进行分析.

提示　本节各例题结果要求精确到 0.01.

例题解析

例1 如图 3 – 36 所示为某工件的一部分，弧 DB 是圆心在 O 点、半径为 5 的圆弧. AB 为直线段，和弧 DB 切于点 $B(3，4)$，$OC \perp OD$，并交 AB 于 C 点. 求圆弧中心 O 到 C 的距离.

解 建立如图 3 – 36 所示的直角坐标系. 求 OC 长就是求直线 AB 在 y 轴上的截距，只要求出直线 AB 的方程即可解决.

因为直线 OB 的斜率为

$$k_{OB} = \frac{4}{3}，$$

所以直线 AB 的斜率为

$$k_{AB} = -\frac{1}{\frac{4}{3}} = -\frac{3}{4}.$$

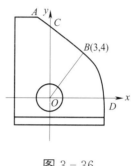

图 3 – 36

又因为 AB 过 $B(3，4)$ 点，由点斜式得直线 AB 的方程为

$$y - 4 = -\frac{3}{4}(x - 3)，$$

即 $y = -\dfrac{3}{4}x + \dfrac{25}{4}.$

所以有 $OC = \dfrac{25}{4} = 6.25.$

即圆弧中心 O 到 C 的距离为 6.25.

例2 如图 3 – 37 所示为一支承架平面图. 检验时需要算出孔中心 O 到直线 AB 的距离 OC. 试根据图中尺寸求解.

分析 要求孔中心 O 到直线 AB 的距离 OC，需要先求出直线 AB 的方程，再利用点到直线的距离公式求解. 根据提示，以孔中心为原点 O 建立直角坐标系，则已知直线 AB 的倾斜角可求出斜率. 又已知点 B 的坐标，利用点斜式即可求出直线 AB 的方程.

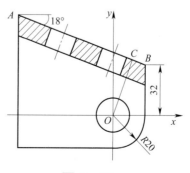

图 3 – 37

解　如图 3-37 所示，在以 O 为原点的平面直角坐标系中，直线 AB 的斜率为

$$k_{AB} = \tan(180° - 18°) = -\tan 18° \approx -0.325.$$

由于 B 点坐标为 $(20, 32)$，由点斜式得 AB 的方程为

$$y - 32 = -0.325(x - 20),$$

整理得

$$0.325x + y - 38.5 = 0.$$

因此，点 $O(0, 0)$ 到直线 AB 的距离为

$$OC = \frac{|0.325 \times 0 + 0 - 38.5|}{\sqrt{0.325^2 + 1^2}} \approx 36.61.$$

例 3　求如图 3-38 所示爪支架的检验尺寸 AD（AD 为 A 孔中心到直线 BC 的距离），其中 A 孔中心所在圆周半径为 $R14.5$.

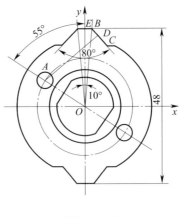

图 3-38

分析　求爪支架的检验尺寸 AD，即求点 A 到直线 BC 的距离. 只要求出点 A 的坐标和直线 BC 的方程，再利用点到直线的距离公式即可求 AD 的尺寸.

解　建立如图 3-38 所示的直角坐标系，A 点的坐标为

$$x_A = -14.5\sin 55° \approx -11.878,$$

$$y_A = 14.5\cos 55° \approx 8.317.$$

由于 $BE \perp OE$（y 轴），又因为

$$\angle BOE = \frac{10°}{2} = 5°, \quad OE = \frac{48}{2} = 24,$$

所以 B 点的坐标为

$$x_B = BE = OE \tan 5° = 24 \times \tan 5° \approx 2.100,$$

$$y_B = OE = 24.$$

又因为直线 BC 的倾斜角

$$\alpha = 90° + \frac{80°}{2} = 130°,$$

所以直线 BC 的斜率为

$$k_{BC} = \tan 130° \approx -1.192.$$

由点斜式得直线 BC 的方程为

$$y - 24 = -1.192(x - 2.100),$$

整理得

$$1.192x + y - 26.503 = 0.$$

则点 A 到直线 BC 的距离为

$$AD = \frac{|1.192 \times (-11.878) + 8.317 - 26.503|}{\sqrt{1.192^2 + 1^2}} = 20.79.$$

3.5.2　有关圆方程、圆心坐标的计算

在机械加工（特别是数控加工）中，常常会见到圆或圆弧等规则图形，而且有些圆弧（主要是连接圆弧）的位置（圆心坐标）往往在零件图样上不加标注，这时我们同样可以用解析几何的方法来计算求解.

例题解析

例1　如图 3 - 39 所示为一个需要磨削的工件，AB，CD 和 EF 是圆弧，BC，DE 是线段，尺寸如图所示. 磨削时要知道点 O_2 的坐标 $(x_0，y_0)$，试求解.

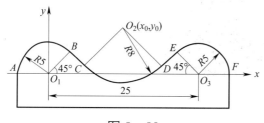

图 3 - 39

解   建立如图 3-39 所示的直角坐标系，因为工件是对称的，所以 O_2 一定在线段 O_1O_3 的垂直平分线上. 于是，得点 O_2 的横坐标

$$x_0 = \frac{25}{2} = 12.5.$$

为了求出纵坐标 y_0，先求出直线 BC 的方程.

直线 BC 的斜率为

$$k_{BC} = \tan 135° = -1.$$

B 点的坐标为 $\left(\dfrac{5\sqrt{2}}{2},\ \dfrac{5\sqrt{2}}{2}\right)$，由点斜式可得直线 BC 的方程为

$$y - \frac{5\sqrt{2}}{2} = -1 \times \left(x - \frac{5\sqrt{2}}{2}\right),$$

即

$$x + y - 5\sqrt{2} = 0.$$

则点 $O_2(12.5,\ y_0)$ 到直线 BC 的距离可由公式得

$$8 = \frac{\left|12.5 + y_0 - 5\sqrt{2}\right|}{\sqrt{1^2 + 1^2}},$$

解得

$$y_0 = 13\sqrt{2} - 12.5 \approx 5.88.$$

所以，点 O_2 的坐标为 $(12.5,\ 5.88)$.

例 2   如图 3-40a 所示为自行车的飞轮，它的齿廓曲线的一部分如图 3-40b 所示. 其中，AB 是一段圆弧，圆心为点 O，半径 r 为 3.97 mm，α 为 $52°$；BC 也是一段圆弧，圆心为点 P，半径 R 为 10.21 mm. 圆弧 AB 与 BC 光滑连接. 试求圆弧 AB，BC 所在的圆的参数方程.

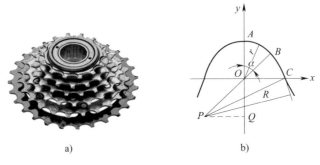

a)   b)

图 3-40

分析　圆弧 AB 所在圆的参数方程可由已知条件直接得到. 求圆弧 BC 所在圆的参数方程, 就得求出点 P 的坐标, 可以构建直角三角形, 通过三角形的边, 从而得到点的坐标.

解　建立如图 3-40b 所示的直角坐标系, 圆弧 AB 所在的圆的参数方程为

$$\begin{cases} x = 3.97\cos\theta, \\ y = 3.97\sin\theta. \end{cases} \quad (\theta \text{ 为参数})$$

过点 P 作 $PQ \perp y$ 轴于点 Q, 在直角三角形 PQO 中

$$OP = PB - OB = R - r = 10.21 - 3.97 = 6.24.$$

又因为 $\angle POQ = \alpha = 52°$, 所以

$$PQ = OP\sin\alpha = 6.24 \times \sin 52° \approx 4.92,$$

$$OQ = OP\cos\alpha = 6.24 \times \cos 52° \approx 3.84.$$

由此得点 P 的坐标为 $(-4.92, -3.84)$. 因此, 圆弧 BC 所在的圆的参数方程为

$$\begin{cases} x = -4.92 + 10.21\cos t, \\ y = -3.84 + 10.21\sin t. \end{cases} \quad (t \text{ 为参数})$$

例 3　如图 3-41 所示零件, 尺寸已标注在图上. 现需要磨削型面, 试求圆弧 $R(25 \pm 0.02)$ mm 的圆心坐标 (x_{O_2}, y_{O_2}).

分析　圆心为 O_2 的圆分别与圆心为 O 和 O_1 的两圆内切, 连心距 OO_2 和 O_1O_2 分别为两圆半径之差, 由此可求得 OO_2 和 O_1O_2 的长度. 点 O_2 可以看作是以点 O 为圆心、OO_2 为半径的圆与以点 O_1 为圆心、O_1O_2 为半径的圆的交点. 联立两个圆的方程就可以求出交点 O_2 的坐标.

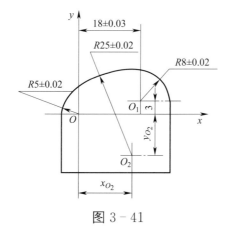

图 3-41

解   建立如图 3 - 41 所示的直角坐标系，则圆心为点 O，半径为 $OO_2 = R_2 - R = 25 - 5 = 20$ 的圆的方程为 $x^2 + y^2 = 20^2$，即点 O_2 在此圆上.

又因为圆心在 O_1，半径为 $O_1O_2 = R_2 - R_1 = 25 - 8 = 17$ 的圆的方程为 $(x-18)^2 + (y-3)^2 = 17^2$，则点 O_2 也在此圆上.

所以，联立方程

$$\begin{cases} x^2 + y^2 = 20^2, \\ (x-18)^2 + (y-3)^2 = 17^2, \end{cases}$$

解得

$$y_1 \approx 17.66, \ y_2 \approx -13.66.$$

根据图 3 - 41 可知取 $y \approx -13.66$，则 $x \approx 14.61$，所以圆弧 $R(25 \pm 0.02)$ mm 的圆心坐标为 $(14.61, -13.66)$.

例 4   如图 3 - 42 所示为一块模板，尺寸如图所示. 现要磨削型面，试求圆弧 $R(15 \pm 0.02)$ mm 的圆心 O_2 的坐标 (x_{O_2}, y_{O_2}).

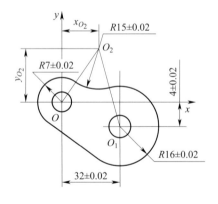

图 3 - 42

解   圆心为 O 的圆与圆心为 O_2 的圆外切，则圆心在 O，半径为 $OO_2 = R + R_2 = 7 + 15 = 22$ 的圆的方程为

$$x^2 + y^2 = 22^2.$$

又因为圆心在 $O_1(32, -4)$，且半径为 $O_1O_2 = R_1 + R_2 = 16 + 15 = 31$ 的圆的方程为

$$(x-32)^2 + (y+4)^2 = 31^2.$$

所以，联立方程

$$\begin{cases} x^2+y^2=22^2, \\ (x-32)^2+(y+4)^2=31^2, \end{cases}$$

解得

$$x_1\approx11.17, \quad x_2\approx6.16.$$

由图可知，x 应大于 7，且 y 应取正值，所以取 $x\approx11.17$，则 $y\approx18.95$，故所求圆心 O_2 的坐标为 (11.17，18.95).

3.5.3　有关切点坐标的计算

除了计算圆心坐标外，在数控加工手工编程中还需知道直线与圆（圆弧）、圆（圆弧）与圆（圆弧）相切的切点坐标. 而这些点的坐标在图样上一般不加标注，我们也可以用平面解析几何的方法来计算求解.

例题解析

例　在本节实例考察中，已知条件如图 3-43a 所示，试计算图中 B，C 两切点及圆心 D 的坐标（单位：mm）.

分析　该例为一圆与两条已知相交直线相切，在图 3-43b 中，建立 $R10\ \text{mm}$ 圆弧所在圆的方程. 可将直线 OC 和 BA 分别向上方平移 10 mm，得直线 l_1 及 l_2. 这两条直线的交点则为 $R10\ \text{mm}$ 圆弧的圆心，且 $A'(40，11.547)$，$O'(0，10.642)$.

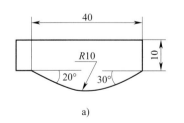

a)

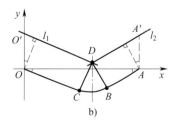

b)

图 3-43

提示 $AA'=\dfrac{10}{\cos 30°}\approx 11.547,\ OO'=\dfrac{10}{\cos 20°}\approx 10.642.$

$\tan 160°\approx -0.364,\ \tan 30°=\dfrac{\sqrt{3}}{3}\approx 0.577.$

解　建立如图 3 - 43b 所示的直角坐标系，由点 $A(40, 0)$，$O'(0, 10.642)$，$A'(40, 11.547)$ 可得，OC 的直线方程为

$$y=\tan 160° x,$$

即 $y=-0.364x.$

AB 的直线方程为

$$y=\tan 30°(x-40),$$

即 $y=0.577x-23.094.$

由点斜式方程可得直线 l_1 的方程为

$$y-10.642=\tan 160° x,$$

即 $0.364x+y-10.642=0.$

直线 l_2 的方程为

$$y-11.547=\tan 30°(x-40),$$

即 $0.577x-y-11.547=0.$

解方程组

$$\begin{cases} 0.364x+y-10.642=0, \\ 0.577x-y-11.547=0, \end{cases}$$

解得 $x\approx 23.58$，$y\approx 2.06$，即 D 点的坐标为 $(23.58, 2.06).$

建立 $R10\ \text{mm}$ 圆弧的圆的方程为

$$(x-23.58)^2+(y-2.06)^2=10^2.$$

解方程组

$$\begin{cases} y=-0.364x, \\ (x-23.58)^2+(y-2.06)^2=10^2, \end{cases} \qquad \text{（方程组一）}$$

解得 $x\approx 20.16$，$y\approx -7.33.$

因此，C 点的坐标为 $(20.16, -7.33).$

解方程组

$$\begin{cases} y=0.577x-23.094, \\ (x-23.58)^2+(y-2.06)^2=10^2, \end{cases} \text{（方程组二）}$$

解得 $x\approx28.58$，$y\approx-6.60$.

因此，B 点的坐标为 $(28.58，-6.60)$.

所以，B 点的坐标为 $(28.58，-6.60)$，C 点的坐标为 $(20.16，-7.33)$，D 点的坐标为 $(23.58，2.06)$.

试一试

能否利用过切点的法线（过切点且与切线垂直的直线）与切线垂直相交于切点来求切点的坐标？如此题中切线 OC 与径线 DC 垂直相交于切点 C，切线 BA 与法线 DB 垂直相交于切点 B. 不妨试一试，从中你将体会到此法更为方便，它避免了二元二次方程组的求解.

提示　由于圆与直线相切，故方程组一和方程组二均只有一个解.

知识巩固

1. 检验如图 3-44 所示样板，需计算 A 点到直线 CD 的距离，试根据图示尺寸求解.

2. 有一工件加工时要知道孔 C 中心到直线 AB 的距离和孔 C 与孔 D 的中心距. 试根据图 3-45 所示尺寸求解.

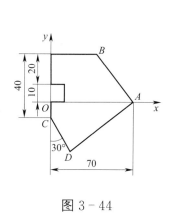

图 3-44

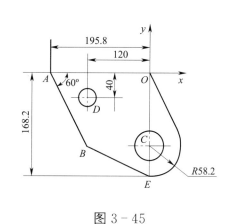

图 3-45

3. 如图 3-46 所示样板，尺寸如图所示. 现要磨削型面，试求圆弧 $R(16\pm0.02)$ mm 的圆心 O_1 的坐标 (x_{O_1}, y_{O_1}). （提示：圆 O 与圆 O_1 外切.）

4. 某工地建造一座如图 3-47 所示的圆弧形拱桥，跨度 $AB=8$ m，高跨比 $\dfrac{OM_4}{AB}=\dfrac{1}{4}$，并每隔 1 m 竖 1 根撑梁，求撑梁 P_5M_5 的高度.

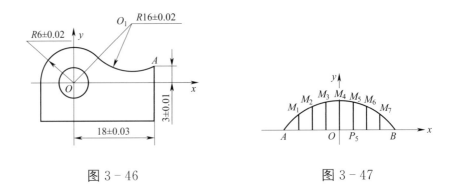

图 3 - 46   图 3 - 47

5. "机器人脸"如图 3 - 48 所示.

（1）写出两只"眼睛"的圆方程；

（2）写出"唇线"所在的直线方程；

（3）指出"右唇线"的延长线与"右眼睛"的关系.

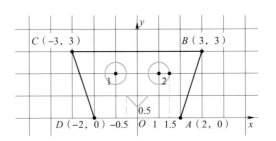

图 3 - 48

本章小结

在平面几何问题的研究中，我们常常根据图形的点、线关系进行推理论证，本章新介绍了一种解析几何中基本的研究方法：坐标法. 坐标法在平面直角坐标系中，通过坐标和方程，建立了代数与几何间的联系，运用代数运算解决几何问题，体现了数形结合的思想方法.

本章我们学习了直线与方程、圆与方程、参数方程、极坐标及应用，以及利用解析几何进行有关检验、控制尺寸的计算. 圆的方程是本章的重点内容之一，在实际生产加工中会经常遇到圆心坐标和有关切点坐标的计算问题.

请根据本章所学知识，将框图补充完整.

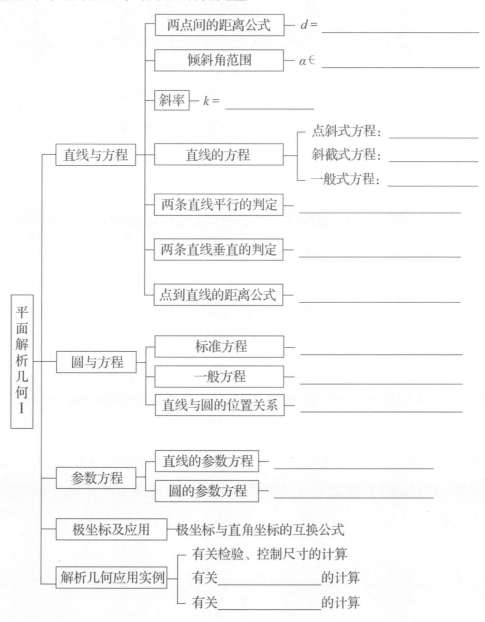

坐标系与射击比赛

　　中国古代的《九章算术》等经典著作中也包含了大量的几何与代数相结合的思想，在处理几何问题时，常通过直观的图示和数轴来辅助计算. 通过这些早期的探索，古代中国数学为空间和数的关系提供了部分思想基础.

　　法国数学家笛卡儿于 1637 年在《几何》中发表了关于坐标系的研究，是数学史上的一项重要发明. 如果你曾经注视过房屋的天花板，用过街区地图，看过足球比赛，下过象棋，那么你已经在坐标系中了. 坐标系中点的位置可以通过数对 (x, y) 来表示，建立起空间形式与数量关系之间的联系，使得用代数方法研究几何问题成为可能，也为用变化的观点研究数学问题准备了条件.

　　坐标系的核心在于精确定位，这一点与射击比赛中的打分方式非常相似. 以奥运会气步枪为例，比赛的靶子可以看作是以靶心为圆心画出的多个同心圆，每个圆环圈对应一个得分区域. 在直角坐标系中，将靶心设为原点，每次击中的点对应一个坐标位置，根据该点与原点的距离来判断子弹落在哪个圆环内，从而给出相应的分数. 这种得分方式充分利用了几何中点到圆心距离的计算原理，简洁地将击中位置转化为对应的得分评价. 在比赛中，环数可以精确到小数点后一位，每一发子弹打出的环数都至关重要. 1984 年 7 月 29 日，在第 23 届洛杉矶奥运会上，射击运动员许海峰以 566 环的总成绩在男子手枪慢射比赛中获得金牌，为中国实现奥运金牌"零的突破".

　　坐标系的概念在中国早有类似的思想雏形. 古代天文学家通过几何图形定位天体，尽管没有明确的坐标系概念，但这种处理空间关系的方式与笛卡儿坐标系有相似之处. 如今，坐标系在中国的教育和科技发展中扮演着重要角色，广泛应用于大地测量、地理信息系统和计算机图形学等领域.

　　通过坐标系的启发，我们不仅能够更好地理解射击比赛中的得分系统，还能在其他领域感受到数学的精确性和重要性. 它帮助我们认识和描述现实世界中的各种现象，是现代科学技术的基石之一.

第4章

平面解析几何（Ⅱ）
——椭圆、双曲线、抛物线

平面解析几何是数学中一个引人入胜的几何学分支，它巧妙地将曲线与方程相结合，为我们打开了一个充满奥秘与美感的世界．从基础的曲线与方程理论出发，我们逐步深入探索椭圆、双曲线和抛物线这三大圆锥曲线的独特性质．椭圆以其完美的对称性和广泛的自然应用，展现了数学的和谐之美；双曲线则以其无限延伸的渐近线和独特的共轭性质，揭示了数学的深邃与奇妙；而抛物线则以其简洁的方程和动态的美感，成为连接数学与物理世界的桥梁．这些几何图形不仅是数学研究的对象，更是自然法则和人类智慧的体现，引领我们不断追求真理与美的统一．

学习目标

1. 了解曲线与方程的对应关系，了解求曲线方程的方法与步骤；会求一些较简单的、常用的曲线方程.

2. 了解椭圆、双曲线、抛物线的形成方法，理解它们的定义，并会根据定义，在平面直角坐标系中建立标准方程.

3. 会利用标准方程讨论椭圆、双曲线、抛物线的几何性质，并会画出它们的草图.

4. 会运用椭圆、双曲线、抛物线的定义及方程解决一些简单的问题.

知识回顾

1. 请写出一次函数 $y=4x+3$ 的图像上两个点的坐标.

2. 请判断点 $(2, 1)$，$(1, 2)$，$(2, 0)$ 是否在圆 $x^2+(y-1)^2=4$ 上？

解 1. 一次函数 $y=4x+3$ 的图像是一条直线，以方程 $y=4x+3$ 的解为坐标的点，都在一次函数 $y=4x+3$ 的图像上，例如 $(0, 3)$，$(1, 7)$.

2. 把点 $(2, 1)$，$(1, 2)$，$(2, 0)$ 分别代入圆的方程 $x^2+(y-1)^2=4$，可以发现：$(2, 1)$ 满足方程，因此点 $(2, 1)$ 在圆 $x^2+(y-1)^2=4$ 上；$(1, 2)$，$(2, 0)$ 不满足方程，因此点 $(1, 2)$，$(2, 0)$ 均不在圆 $x^2+(y-1)^2=4$ 上.

4.1　曲线与方程

观察下列图形，回答相应的问题.

图 4-1 中：直线 l 的方程是＿＿＿＿＿＿．若点 A 的坐标满足上述方程，则点 A 在直线 l＿＿＿＿；若点 P 为直线 l 上任意一点，则点 P 的坐标 $(x_0，y_0)$ 满足方程＿＿＿＿＿＿．因此，我们把直线 l 称为方程＿＿＿＿＿＿的直线，把该方程称为直线 l 的方程.

图 4-2 中：圆 O 的方程是＿＿＿＿＿＿．若点 A 的坐标满足上述方程，则点 A 在圆＿＿＿＿；若点 P 为圆上任意一点，则点 P 的坐标 $(x_0，y_0)$ 满足方程＿＿＿＿＿＿．因此，我们把圆 O 称为方程＿＿＿＿＿＿的曲线，把该方程称为圆 O 的方程.

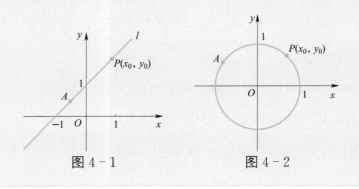

图 4-1　　　　　　图 4-2

4.1.1　曲线和方程的概念

下面以如图 4-3 所示抛物线为例进行分析.

二次函数 $y＝x^2$ 的图像是关于 y 轴对称的抛物线，这条抛物线是由所有以方程 $x^2-y＝0$ 的解为坐标的点组成的. 也就是说，如果点 $P(x_0，y_0)$ 是这条抛物线上的点，则 $(x_0，y_0)$ 一定是这个方程的解. 例如点 $A(2，4)$ 在抛物线上，则一定满足方程 $x^2-y＝0$. 反之，如果 $(x_0，y_0)$ 是方程 $x^2-y＝0$ 的解，那么以它为坐标的点一定在这条抛物线上. 例如，$(-1，1)$是方程 $x^2-y=0$ 的解，而以$(-1，1)$为坐标的点 B 在抛物线上. 我们说 $x^2-y=0$ 是这条抛物线的方程，这条抛物线是方程 $x^2-y=0$ 的曲线.

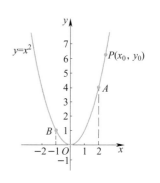

图 4-3

由此推广到一般情况：在平面直角坐标系中，如果某条曲线C（可以将其看作适合某种条件的点的集合或轨迹）上点的坐标都是二元方程 $F(x，y)=0$ 的解；同时以方程 $F(x，y)=0$ 的解为坐标的点都在曲线C上，那么，**方程 $F(x，y)=0$ 称为曲线 C 的方程，曲线 C 是这个方程 $F(x，y)=0$ 的曲线.**

提示 曲线 C 可描述为 $C=\{P(x,y)|F(x,y)=0\}$.

例题解析

例1 判断点 $P_1(-3，4)$，$P_2(2\sqrt{5}，-2)$是否在方程 $x^2+y^2=25$ 的曲线上.

解 因为$(-3)^2+4^2=25$，即$(-3，4)$是方程 $x^2+y^2=25$ 的解，所以点 $P_1(-3，4)$在该方程的曲线上.

因为$(2\sqrt{5})^2+(-2)^2=24\neq25$，即$(2\sqrt{5}，-2)$不是方程 $x^2+y^2=25$ 的解，所以点 $P_2(2\sqrt{5}，-2)$不在该方程的曲线上.

例2 说明过点 $P(0，-1)$且平行于 x 轴的直线 l 与方程 $|y|=1$ 所代表的曲线之间的关系.

解 过点 $P(0，-1)$且平行于 x 轴的直线方程是 $y=-1$. 因为在直线 l 上的点的坐标都满足方程$|y|=1$，所以直线 l 上的点都在 $|y|=1$ 所代表的曲线上.

但是，以方程$|y|=1$的解为坐标的点不全在直线 l 上，因此，$|y|=1$不是直线 l 的方程，直线 l 只是方程$|y|=1$所表示的曲线的一部分.

想一想

你能说出两个以方程 $|y|=1$ 的解为坐标，且不在直线 l 上的点吗？

知识巩固 1

1. 判断点 $A(-1, 0)$，$B(3, 2)$，$C(2, 3)$，$D(6, -1)$ 是否在曲线 $x^2 - y^3 + xy - 7 = 0$ 上.

2. 已知曲线 $x^2 + y^2 - 3xy - C = 0$ 经过点 $P(1, -2)$，求常数 C 的值.

4.1.2　求曲线的方程

在平面上有两定点 A，B，现要寻找一个点 P 使 $PA \perp PB$，你能求出点 P 的轨迹方程吗?

以线段 AB 的中点 O 为原点，以 AB 所在的直线为 x 轴，建立直角坐标 xOy(图 4-4). 设 $|AB| = 2a(a > 0)$，则点 A，B 的坐标分别为 $(-a, 0)$，$(a, 0)$. 现设点 $P(x, y)$，由 $PA \perp PB$，得 $k_{PA} \cdot k_{PB} = -1$，即

$$\frac{y-0}{x-(-a)} \cdot \frac{y-0}{x-a} = -1 \ (x \neq \pm a),$$

整理得

$$x^2 + y^2 = a^2 \ (x \neq \pm a).$$

所以方程 $x^2 + y^2 = a^2 (x \neq \pm a)$ 就是点 P 的轨迹方程.

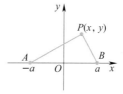

图 4-4

想一想

为什么要添上 $x \neq \pm a$ 的条件?

由此，我们可以总结出已知平面曲线求曲线方程的主要步骤:

(1) 建立适当的平面直角坐标系.

(2) 设曲线上任意一点 P(或动点) 的坐标为 (x, y).

(3) 写出点 P 的限制条件，即列出等式.

(4) 将点 P 的坐标代入等式，得方程 $F(x, y) = 0$.

(5) 化简方程 $F(x, y) = 0$（此过程应为同解变形）.

由于化简过程是同解变形，所以可以省略证明"以化简后的方程的解为坐标的点都是曲线上的点"的过程.

例题解析

例 已知点 $A(-1, -1)$，$B(3, 7)$，求线段 AB 的垂直平分线 l 的方程.

解 设 $P(x, y)$ 为线段 AB 垂直平分线 l 上的任一点，由线段垂直平分线的性质可知

$$|PA|=|PB|.$$

由两点距离公式，得

$$\sqrt{(x+1)^2+(y+1)^2}=\sqrt{(x-3)^2+(y-7)^2},$$

化简得直线 l 的方程为

$$x+2y-7=0.$$

想一想

你能用直线的点斜式方程求直线 l 的方程吗?

知识巩固 2

1. 求到原点的距离为 2 的点的轨迹方程.

2. 已知动点 P 到点 $(0, -2)$ 与到直线 $y=2$ 的距离相等，求点 P 的轨迹方程.

4.1.3 求两条曲线的交点

两条曲线（包括直线）的交点坐标也就是两条曲线的公共点的坐标. 由曲线上点的坐标和其方程的解之间的关系可知，两条曲线交点的坐标，应该是这两条曲线的方程所组成的方程组的实数解；反之，方程组有几组实数解，两条曲线就有几个交点；若方程组无实数解，则两条曲线没有交点. 因此，求两条曲线的交点就是求这两条曲线的方程所组成的方程组的实数解.

例题解析

例 1 如图 4-5 所示，直线 $y=x+4$ 与抛物线 $y=\dfrac{1}{2}x^2$ 相交于 A，B 两点，求线段 AB 的长度.

解　解方程组 $\begin{cases} y=x+4, & ① \\ y=\dfrac{1}{2}x^2. & ② \end{cases}$

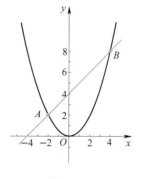

将①式代入②式，整理得 $x^2-2x-8=0$.

解得 $x_1=-2$，$x_2=4$，代入①式得 $y_1=2$，$y_2=8$，因此直线与抛物线的交点为 $A(-2,2)$，$B(4,8)$.

图 4-5

所以线段 AB 的长度为 $|AB|=\sqrt{[4-(-2)]^2+(8-2)^2}=6\sqrt{2}$.

例 2　已知直线 $x-y+k=0$ 和圆 $x^2+y^2=2$，当 k 为何值时，直线与圆分别有两个交点，只有一个交点，没有交点？

解　解方程组 $\begin{cases} x^2+y^2=2, & ① \\ x-y+k=0. & ② \end{cases}$

将②式化为 $y=x+k$，代入①式，得 $x^2+(x+k)^2=2$，即

$$2x^2+2kx+k^2-2=0. \qquad ③$$

方程③的根的判别式为

$$\Delta=(2k)^2-4\times2\times(k^2-2)=16-4k^2.$$

当 $\Delta>0$，即 $-2<k<2$ 时，方程③有两个不等的实数根，原方程组有两组不同的实数解，此时直线与圆有两个交点.

当 $\Delta=0$，即 $k=-2$ 或 2 时，方程③有两个相等的实数根，原方程组有两组相同的实数解，此时直线与圆有一个交点.

当 $\Delta<0$，即 $k<-2$ 或 $k>2$ 时，方程③没有实数根，原方程组没有实数解，此时直线与圆没有交点.

知识巩固 3

1. 求直线 $y=x+1$ 与抛物线 $y=2x^2$ 的交点 A，B 的坐标，并求出线段 AB 的长.

2. 已知曲线 C 的方程是 $x^2-y^2=9$，问 b 为何值时，直线 l：$y=2x+b$ 与曲线 C 有两个不同的交点，有一个交点，没有交点？

4.2　椭圆

实例考察

观察下面图片中所显示的曲线，你能说出生活中存在的类似的曲线吗？

一杯水　如图 4-6 所示水杯的杯口为圆形，杯中盛有水．竖直放置时，杯中水面的轮廓为圆形；现将杯口倾斜（无水溢出），观察杯中水面轮廓形成的曲线．这一曲线与圆相比具有什么特征？

一条曲线　取一根没有伸缩性的细绳，把它的两端固定在画图板上的 F_1 和 F_2 两点，且使绳长大于 F_1 和 F_2 之间的距离．用铅笔尖把绳子拉紧，使笔尖在图板上慢慢移动，笔尖就画出了如图 4-7 所示的一条曲线．

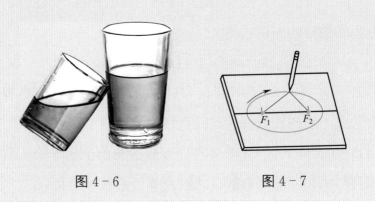

图 4-6　　　　　　　图 4-7

4.2.1　椭圆的定义及其标准方程

实例考察中，杯中水面的轮廓和画出的曲线都是椭圆．分析上面的作图方法不难看出，椭圆上的任意一点到点 F_1 和 F_2 的距离的和为定值．我们定义：

平面内到两个定点 F_1，F_2 的距离的和等于定长（大于 $|F_1F_2|$）的动点的轨迹称为**椭圆**．这两个定点称为**椭圆的焦点**，两焦点间的距离 $|F_1F_2|$ 称为**椭圆的焦距**．

下面，我们来建立椭圆的方程.

如图 4-8 所示，以过焦点 F_1，F_2 的直线为 x 轴，线段 F_1F_2 的垂直平分线为 y 轴，建立直角坐标系.

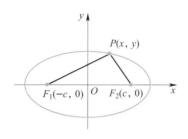

图 4-8

设 $P(x，y)$ 是椭圆上任意一点，椭圆的焦距为 $2c(c>0)$，那么，焦点 F_1，F_2 的坐标分别是 $(-c，0)$，$(c，0)$. 又设点 P 与 F_1，F_2 的距离之和等于常数 $2a\,(a>0)$，于是有

$$|PF_1|+|PF_2|=2a.$$

应用两点间的距离公式，并把 P，F_1 和 F_2 的坐标代入，得

$$\sqrt{(x+c)^2+y^2}+\sqrt{(x-c)^2+y^2}=2a，$$

整理得

$$(a^2-c^2)x^2+a^2y^2=a^2(a^2-c^2).$$

由椭圆的定义可知，$2a>2c$，即 $a>c>0$，所以 $a^2-c^2>0$. 为了使方程变得简单整齐，可令 $a^2-c^2=b^2(b>0)$，则方程变为

$$b^2x^2+a^2y^2=a^2b^2，$$

两边同除以 a^2b^2，得

$$\frac{x^2}{a^2}+\frac{y^2}{b^2}=1(a>b>0). \qquad ①$$

这个方程称为**椭圆的标准方程**，它所表示的椭圆的焦点在 x 轴上，焦点是 $F_1(-c，0)$ 和 $F_2(c，0)$，其中

$$a^2=b^2+c^2.$$

提示　令 $a^2-c^2=b^2$ 不仅可以使方程变得简单整齐，同时在后面讨论椭圆的几何性质时，我们会看到它还有明确的几何意义.

如果以经过两个焦点 F_1 和 F_2 的直线为 y 轴，线段 F_1F_2 的垂直平分线为 x 轴，如图 4-9 所示，用同样的方法，可得椭圆的方程为

$$\frac{y^2}{a^2}+\frac{x^2}{b^2}=1 \quad (a>b>0). \qquad ②$$

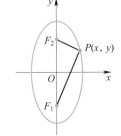

图 4-9

这个方程是一个焦点在 y 轴上的椭圆的标准方程，焦点为 $F_1(0,-c)$ 和 $F_2(0,c)$，其中 a，b，c 之间仍然满足 $a^2=b^2+c^2$.

▶ 例题解析

例　求适合下列条件的椭圆的标准方程：

(1) 两个焦点的坐标是 $(-3,0)$，$(3,0)$，椭圆上一点 P 到两焦点的距离之和为 10；

(2) 已知椭圆的焦距为 4，且椭圆上的点 P 到两焦点的距离之和为 8；

(3) 椭圆中心在原点，焦点在坐标轴上，且经过两点 $P_1(\sqrt{6}, 1)$，$P_2(-\sqrt{3}, -\sqrt{2})$.

解　(1) 因为椭圆的焦点在 x 轴上，所以可以设椭圆的标准方程为

$$\frac{x^2}{a^2}+\frac{y^2}{b^2}=1 \quad (a>b>0).$$

由题设条件得

$$\begin{cases}2a=10,\\ c=3,\\ b^2=a^2-c^2,\end{cases} \quad 解得 \begin{cases}a=5,\\ c=3,\\ b=4.\end{cases}$$

所以，所求椭圆的标准方程为 $\dfrac{x^2}{25}+\dfrac{y^2}{16}=1$.

(2) 根据题设条件有 $\begin{cases}2c=4,\\ 2a=8,\\ a^2=b^2+c^2,\end{cases} \quad 解得 \begin{cases}a^2=16,\\ b^2=12.\end{cases}$

所以，所求椭圆的方程为 $\dfrac{x^2}{16}+\dfrac{y^2}{12}=1$ 或 $\dfrac{y^2}{16}+\dfrac{x^2}{12}=1$.

提示　当焦点在哪个坐标轴上没有明确时，应分别讨论焦点在 x 轴和 y 轴上的两种情形．对于此例：

$\dfrac{x^2}{16}+\dfrac{y^2}{12}=1$ 是焦点在 x 轴的情形；

$\dfrac{y^2}{16}+\dfrac{x^2}{12}=1$ 是焦点在 y 轴的情形.

---

(3) 设椭圆的方程为 $mx^2+ny^2=1$（$m>0$，$n>0$）.

由条件得

$$\begin{cases} 6m+n=1, \\ 3m+2n=1. \end{cases}$$

解得

$$\begin{cases} m=\dfrac{1}{9}, \\ n=\dfrac{1}{3}. \end{cases}$$

所以，所求椭圆的标准方程为 $\dfrac{x^2}{9}+\dfrac{y^2}{3}=1$.

知识巩固 1

1. 一个动点到两个定点 $F_1(-\sqrt{3}，0)$，$F_2(\sqrt{3}，0)$ 的距离之和等于 4，求这个动点的轨迹方程.

2. 一个动点到两个定点 $F_1(0，-3)$，$F_2(0，3)$ 的距离之和等于 10，求这个动点的轨迹方程.

3. 椭圆 $\dfrac{x^2}{36}+\dfrac{y^2}{100}=1$ 的焦点在_____轴上；若该椭圆上一点 P 到焦点 F_1 的距离等于 6，则点 P 到另一个焦点 F_2 的距离是_____；$\triangle PF_1F_2$ 的周长是_____.

4. 写出满足下列条件的椭圆的标准方程：

(1) 已知椭圆的中心在原点，焦点为 $(-2，0)$ 和 $(2，0)$，并

且经过点 $\left(\dfrac{5}{2}, -\dfrac{3}{2}\right)$；

(2) $a = 13$，$c = 12$，焦点在 y 轴上；

(3) $a + c = 16$，$a - c = 4$，椭圆的中心在原点，焦点在坐标轴上.

实 践 活 动

请准备一张圆形的白纸，在圆中的某一位置（不是圆心）处做一个"·"标记. 折叠圆纸片，使圆周上有一点落在标记的地方（图 4 - 10a），换圆周上的另一点重复该过程，如此折叠一周. 仔细观察所有的折痕围成的图形形状，可以发现它是一个椭圆（图 4 - 10b）. 请你尝试做一下.

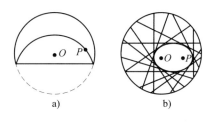

a)　　　　b)

图 4 - 10

4.2.2　椭圆的性质

以标准方程表示椭圆，可以得到椭圆的一些重要性质，列表如下：

标准方程	$\dfrac{x^2}{a^2} + \dfrac{y^2}{b^2} = 1 \ (a > b > 0)$
范围	因为 $\dfrac{x^2}{a^2} \leqslant 1$，$\dfrac{y^2}{b^2} \leqslant 1$，所以 $-a \leqslant x \leqslant a$， $-b \leqslant y \leqslant b$. 椭圆位于直线 $x = \pm a$ 和 $y = \pm b$ 所围成的界定矩形之内

续表

对称性	椭圆关于 x 轴、y 轴、坐标原点都是对称的. 因此, x 轴和 y 轴都是椭圆的对称轴, 坐标原点是椭圆的对称中心 (简称椭圆的中心)
顶点	与 x 轴相交于两个点: $A_1(-a, 0)$, $A_2(a, 0)$; 与 y 轴相交于两个点: $B_1(0, -b)$, $B_2(0, b)$. 这四个点称为椭圆的顶点
长、短轴	线段 A_1A_2 称为椭圆的长轴, 线段 B_1B_2 称为椭圆的短轴. 长轴和短轴的长度分别为 $2a$ 和 $2b$, a 称为椭圆的长半轴长, b 称为椭圆的短半轴长, c 称为椭圆的半焦距. 椭圆短轴的端点到两个焦点的距离相等, 且等于长半轴长

想一想

你能得到椭圆

$$\frac{y^2}{a^2}+\frac{x^2}{b^2}=1$$

$(a>b>0)$ 的几何性质吗?

借助上表所列的几何性质可以画出椭圆的草图. 其步骤是:

(1) 根据椭圆的标准方程标出四个顶点;

(2) 过这四个顶点作坐标轴的平行线, 得到椭圆的界定矩形;

(3) 用平滑的曲线将四个顶点连成一个椭圆, 连接时要注意椭圆的对称性及顶点附近的平滑性.

例题解析

例1 求椭圆 $\dfrac{x^2}{25}+\dfrac{y^2}{16}=1$ 的长轴和短轴的长、焦点和顶点的坐标, 并用描点法画出它的图形.

解 因为 $a=5$, $b=4$, 且 $a^2=b^2+c^2$, 所以

$$c^2=a^2-b^2=25-16=9,$$

解得

$$c=3.$$

因此, 椭圆的长轴和短轴的长分别是 $2a=10$ 和 $2b=8$, 焦点坐标为 $F_1(-3, 0)$ 和 $F_2(3, 0)$, 椭圆的四个顶点坐标分别为 $B_1(0, -4)$, $B_2(0, 4)$, $A_1(-5, 0)$, $A_2(5, 0)$.

将已知方程变形为

$$y=\pm\frac{4}{5}\sqrt{25-x^2},$$

根据 $y = \dfrac{4}{5}\sqrt{25-x^2}$，在 $0 \leqslant x \leqslant 5$ 的范围内算出几个点的坐标 (x, y) 如下：

x	0	1	2	3	4	5
y	4	3.9	3.7	3.2	2.4	0

先描点画出椭圆的一部分，再利用椭圆的对称性画出整个椭圆（图 4-11）．

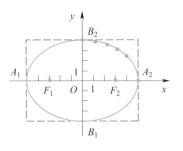

图 4-11

若使用计算机软件绘制例 1 的图形，结果如图 4-12 所示．其中，图 4-12a 的采样点数为 20，图 4-12b 的采样点数为 1 000．从绘图原理来说，计算机绘图采样点数相当于手工绘图中的描点数，描点数越多，绘制的图形越接近理论图形．

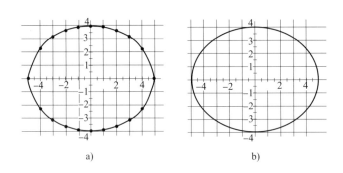

图 4-12

例题解析

例 2　加工如图 4-13 所示的椭圆孔组合件，划线及做检验样板时都需知道其方程，试根据图示尺寸进行求解．

解　取直角坐标系如图 4-13 所示. 设所求椭圆方程为

$$\frac{x^2}{a^2}+\frac{y^2}{b^2}=1.$$

由图示可知 $2a=60-10=50$，即 $a=25$；$2b=46-10=36$，即
$b=18$.

所以，所求椭圆孔的方程为

$$\frac{x^2}{25^2}+\frac{y^2}{18^2}=1.$$

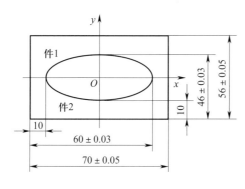

图 4-13

例 3　我国发射的一颗人造地球卫星的运行轨道（图 4-14）是
以地球中心 F_1 为一个焦点的椭圆. 已知近地点 A 距地面 439 km，远
地点 B 距地面 2 384 km，若将地球看作半径为 6 371 km 的圆，求
卫星运行轨道的方程（以 1 km 为单位长度，精确到 0.1）.

解　建立如图 4-14b 所示的坐标系，设所求方程为

$$\frac{x^2}{a^2}+\frac{y^2}{b^2}=1.$$

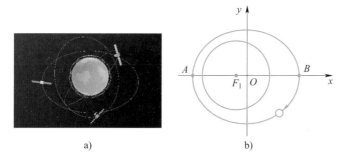

图 4-14

因为 $2a=439+6\ 371\times2+2\ 384=15\ 565$，所以

$$a=7\ 782.5.$$

又由于

$$c = 7\ 782.5 - (439 + 6\ 371) = 972.5,$$

$$b = \sqrt{a^2 - c^2} = \sqrt{7\ 782.5^2 - 972.5^2} \approx 7\ 721.5,$$

所以卫星运行轨道的方程为

$$\frac{x^2}{7\ 782.5^2} + \frac{y^2}{7\ 721.5^2} = 1.$$

例 4　电影放映机所用的放映灯泡（图 4-15a）的反射镜面是椭球面（中心截面是椭圆）的一部分. 为使银幕上得到清晰的画面，光源需安放在一个焦点 F_1 处，影片需装在另一个焦点 F_2 处（图 4-15b）. 如果点 F_1，F_2 到反射面顶点 A 的距离分别为 14.5 mm 和 46.5 mm，求这个反射面中心截面的椭圆的方程（以 1 mm 为单位长度）.

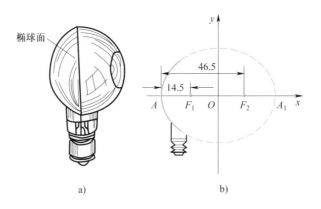

图 4-15

解　以 F_1F_2 的中点为原点，F_1F_2 所在的直线为 x 轴，建立直角坐标系，则所求的椭圆方程为

$$\frac{x^2}{a^2} + \frac{y^2}{b^2} = 1 \quad (a > b > 0).$$

由题意得

$$2c = |F_1F_2| = |AF_2| - |AF_1| = 46.5 - 14.5 = 32,$$

$$2a = |AA_1| = |AF_2| + |F_2A_1| = 46.5 + 14.5 = 61,$$

即

$$c = 16,\ a = 30.5,$$

$$a^2 = 930.25, \quad b^2 = a^2 - c^2 = 30.5^2 - 16^2 = 674.25.$$

因此，椭圆方程为

$$\frac{x^2}{930.25} + \frac{y^2}{674.25} = 1.$$

知识巩固 2

1. 求下列椭圆的长轴和短轴的长、焦点和顶点坐标：

(1) $\dfrac{x^2}{25} + \dfrac{y^2}{9} = 1$;   (2) $\dfrac{x^2}{8} + \dfrac{y^2}{12} = 1$.

2. 已知椭圆的中心在坐标原点，焦点在 x 轴上，长轴长是短轴长的 2 倍，且焦距为 6，求椭圆的标准方程，并画出它的草图.

3. 彗星"紫金山一号"是我国南京紫金山天文台发现的. 它的运行轨道是以太阳为一个焦点的椭圆（图 4 - 16）. 该彗星的近日点和远日点到太阳的距离分别为 1.486 天文单位和 5.563 天文单位（1 天文单位约为 1.5×10^8 千米）. 在图示的坐标系中求彗星轨道的方程.

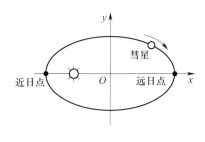

图 4 - 16

4.2.3 椭圆的参数方程

我们知道在同角三角函数基本关系式中有恒等式 $\cos^2 \theta + \sin^2 \theta = 1$，且椭圆的标准方程为

$$\frac{x^2}{a^2} + \frac{y^2}{b^2} = 1 \ (a > b > 0),$$

想一想

椭圆 $\dfrac{y^2}{a^2}+\dfrac{x^2}{b^2}=1(a>b>0)$ 的参数方程是什么？

因此，可以令 $\begin{cases} \dfrac{x}{a}=\cos\theta, \\ \dfrac{y}{b}=\sin\theta, \end{cases}$ 即

$$\begin{cases} x=a\cos\theta, \\ y=b\sin\theta. \end{cases} (\theta\text{ 为参数})$$

这就是**椭圆的参数方程**.

在椭圆的参数方程中，常数 a，b 分别是椭圆的长半轴长和短半轴长. 根据椭圆的参数方程，椭圆上任一点可设成 $(a\cos\theta，b\sin\theta)$，这为解决与椭圆有关的问题提供了一条新的途径.

例题解析

例1 将椭圆方程 $\dfrac{x^2}{16}+\dfrac{y^2}{9}=1$ 化为参数方程.

解 令 $\begin{cases} \dfrac{x}{4}=\cos\theta, \\ \dfrac{y}{3}=\sin\theta, \end{cases}$ 得到 $\begin{cases} x=4\cos\theta, \\ y=3\sin\theta. \end{cases}$

所以，椭圆的参数方程为 $\begin{cases} x=4\cos\theta, \\ y=3\sin\theta. \end{cases} (\theta\text{ 为参数})$.

此时，我们可以说点 $(4\cos\theta，3\sin\theta)$ 是椭圆上的任意一点.

例2 已知椭圆的参数方程为 $\begin{cases} x=3\cos\theta, \\ y=5\sin\theta, \end{cases} (\theta\text{ 为参数})$ 求椭圆的标准方程.

解 由 $\begin{cases} x=3\cos\theta, \\ y=5\sin\theta, \end{cases}$ 得 $\begin{cases} \cos\theta=\dfrac{x}{3}, \\ \sin\theta=\dfrac{y}{5}. \end{cases}$

由 $\cos^2\theta+\sin^2\theta=1$ 得 $\dfrac{x^2}{9}+\dfrac{y^2}{25}=1$，这就是所求椭圆的标准方程.

*$\textbf{例3}$ 求椭圆 $\dfrac{x^2}{3}+y^2=1$ 上的点到直线 $x-y+6=0$ 的距离

的最小值.

解　设椭圆上的点为 $P(\sqrt{3}\cos\theta,\ \sin\theta)$，则 P 到已知直线距离为

$$d=\frac{|\sqrt{3}\cos\theta-\sin\theta+6|}{\sqrt{2}}=\frac{\left|-2\sin\left(\theta-\frac{\pi}{3}\right)+6\right|}{\sqrt{2}}.$$

显然，当 $\sin\left(\theta-\frac{\pi}{3}\right)=1$ 时，d 最小，其最小值为 $2\sqrt{2}$.

知识巩固 3

1. 将椭圆方程 $\dfrac{x^2}{36}+\dfrac{y^2}{49}=1$ 化为参数方程.

2. 已知椭圆的参数方程为 $\begin{cases}x=10\cos\theta,\\y=6\sin\theta,\end{cases}$（$\theta$ 为参数）求椭圆的标准方程及焦点坐标、长轴长、短轴长.

探究

椭圆有这样的光学性质：从椭圆的一个焦点处发出的光线，经椭圆反射后，都聚集于另一个焦点上（图 4-17）. 因此，某些特殊灯具就以椭球面（椭圆绕轴旋转所得到的曲面）作为反射镜面.

根据椭圆的这种光学特性，可以制作一个椭圆形的弹子球游戏桌（图 4-18），其中球洞设在椭圆的一个焦点处. 游戏中要求，击球后球与球桌边缘至少碰撞 1 次后进洞才有效. 那么，该如何击球才能保证"百发百中"呢？请你联系已学的知识，再查阅相关资料找到答案并做出解释.

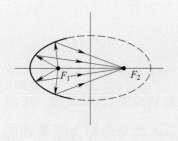

图 4-17

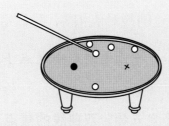

图 4-18

4.3 双曲线

观察下面的图片中所显示的曲线，你能说出生活中存在的类似曲线吗？

发电站冷却塔 发电站冷却塔（图 4-19）轴心线的平面与塔的侧轮廓面的交线是条什么样的曲线？它有什么特征？

一条曲线 取两个小钉，相距 $2c$（$c>0$）钉在平板上，再取两段长度之差为定长 $2a$（$0<a<c$）的绳子，两绳的一端分别系在两个小钉上，另一端放在一起打成绳结. 用该绳结套住笔尖，右手握笔顺势转动，笔尖在平板上画出一条曲线. 交换系在小钉上的两绳端点，可以画出另一条曲线（图 4-20）.

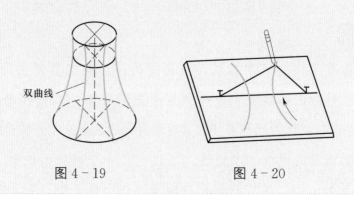

双曲线

图 4-19   图 4-20

4.3.1 双曲线的定义和标准方程

显然，上面所画曲线的特点是，其上任意一点到点 F_1 和 F_2 的距离的差的绝对值相等. 我们定义：

平面内到两个定点 F_1，F_2 的距离的差的绝对值等于常数（小于 $|F_1F_2|$）的动点的轨迹称为**双曲线**. 这两个定点称为**双曲线的焦点**，两焦点的距离称为**双曲线的焦距**.

　　与椭圆类似，以过焦点 F_1，F_2 的直线为 x 轴，线段 F_1F_2 的垂直平分线为 y 轴，建立直角坐标系（图 4 - 21）．

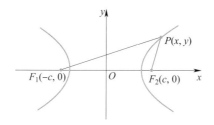

图 4 - 21

　　设 $P(x, y)$ 是双曲线上的任意一点，双曲线的焦距为 $2c\ (c>0)$，则两个焦点的坐标分别为 $F_1(-c, 0)$ 和 $F_2(c, 0)$．又设点 P 与 F_1，F_2 的距离之差的绝对值为 $2a\ (0<a<c)$，即

$$|PF_1|-|PF_2|=\pm 2a.$$

　　由两点间的距离公式得

$$|PF_1|=\sqrt{(x+c)^2+y^2},$$

$$|PF_2|=\sqrt{(x-c)^2+y^2},$$

所以

$$\sqrt{(x+c)^2+y^2}-\sqrt{(x-c)^2+y^2}=\pm 2a,$$

整理得

$$(c^2-a^2)x^2-a^2y^2=a^2(c^2-a^2).$$

　　由于 $0<a<c$，所以 $c^2-a^2>0$．令 $c^2-a^2=b^2\ (b>0)$，代入上式，得

$$b^2x^2-a^2y^2=a^2b^2,$$

两边同除以 a^2b^2，得

$$\frac{x^2}{a^2}-\frac{y^2}{b^2}=1\ (a>0,\ b>0). \qquad ①$$

　　这个方程称为**双曲线的标准方程**，它表示焦点在 x 轴上的双曲线，其中 a，b，c 之间的关系是 $c^2=a^2+b^2$．

　　提示　在双曲线中，正数 a，b，c 的大小关系：c 最大，a 与 b 的大小关系不确定．

如图 4-22 所示，如果以经过两个焦点 F_1 和 F_2 的直线为 y 轴，线段 F_1F_2 的垂直平分线为 x 轴，用同样的方法可得双曲线的方程为

$$\frac{y^2}{a^2}-\frac{x^2}{b^2}=1 \quad (a>0,\ b>0). \qquad ②$$

这个方程是焦点在 y 轴上的双曲线的标准方程，其中 a，b，c 间的关系仍然为

$$c^2=a^2+b^2.$$

焦点坐标分别是 $F_1(0,\ -c)$ 和 $F_2(0,\ c)$．

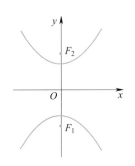

图 4-22

想一想

方程②和方程①有何区别？各有什么特点？

例题解析

例 根据下列条件求双曲线的标准方程：

(1) 两个焦点为 $F_1(-5,\ 0)$，$F_2(5,\ 0)$，双曲线上一点到两焦点的距离之差的绝对值是 8；

(2) $a+c=10$，$c-a=4$；

(3) 双曲线的焦点是 $F_1(0,\ -6)$ 和 $F_2(0,\ 6)$，且经过点 $A(2,\ -5)$．

解 (1) 由已知条件可设双曲线方程为 $\dfrac{x^2}{a^2}-\dfrac{y^2}{b^2}=1$（$a>0$，$b>0$）．

由 $\begin{cases} c=5, \\ 2a=8, \\ c^2=a^2+b^2, \end{cases}$ 得 $\begin{cases} c=5, \\ a=4, \\ b=3. \end{cases}$

所以，所求双曲线的标准方程为 $\dfrac{x^2}{16}-\dfrac{y^2}{9}=1$．

(2) 由已知条件有 $\begin{cases} a+c=10, \\ c-a=4, \\ c^2=a^2+b^2, \end{cases}$ 解得 $\begin{cases} a^2=9, \\ b^2=40. \end{cases}$

所以，所求双曲线的标准方程为 $\dfrac{x^2}{9}-\dfrac{y^2}{40}=1$ 或 $\dfrac{y^2}{9}-\dfrac{x^2}{40}=1$．

(3) 由已知条件可设双曲线方程为 $\dfrac{y^2}{a^2}-\dfrac{x^2}{b^2}=1$（$a>0$，$b>0$），

且有

$$|AF_1| = \sqrt{(2-0)^2 + [-5-(-6)]^2} = \sqrt{5},$$

$$|AF_2| = \sqrt{(2-0)^2 + (-5-6)^2} = 5\sqrt{5},$$

$$2a = ||AF_2| - |AF_1|| = |5\sqrt{5} - \sqrt{5}| = 4\sqrt{5},$$

由 $\begin{cases} a = 2\sqrt{5}, \\ c = 6, \\ c^2 = a^2 + b^2, \end{cases}$ 　解得 $b = 4$.

所以，双曲线方程为 $\dfrac{y^2}{20} - \dfrac{x^2}{16} = 1$.

知识巩固 1

1. 求适合下列条件的双曲线的标准方程：

(1) $a = 4$, $b = 3$, 焦点在 x 轴上；

(2) $b = 2$, $c = 7$, 焦点在 y 轴上；

(3) 已知动点 P 与两定点 $F_1(-10, 0)$ 和 $F_2(10, 0)$ 的距离之差为 12，求动点 P 的轨迹方程.

2. 双曲线 $\dfrac{y^2}{25} - \dfrac{x^2}{9} = 1$ 的两个焦点为 F_1，F_2，此双曲线上一点 P 到 F_1 的距离是 12，则点 P 到 F_2 的距离是多少？写出焦点坐标.

3. 已知双曲线的两个焦点的坐标分别是 $F_1(-2\sqrt{2}, 0)$ 和 $F_2(2\sqrt{2}, 0)$，并且经过点 $(2\sqrt{2}, 2)$，求它的标准方程.

实 践 活 动

准备一张方形的白纸，在其上绘制一个圆，在圆外某一位置处做一个"•"标记（图 4-23a）. 折叠纸片使圆周上有一点落在标记的地方（图 4-23b），换圆周上另一点重复该过程，如此折叠一周. 观察所有折痕围成的图形形状，可以发现它是双曲线. 请你尝试做一下.

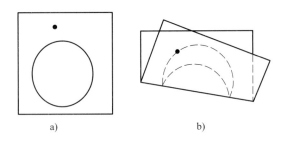

a)　　　　　　　b)

图 4-23

4.3.2　双曲线的性质

以标准方程表示双曲线，可以得到双曲线的一些重要性质，列表如下：

标准方程	$\dfrac{x^2}{a^2}-\dfrac{y^2}{b^2}=1(a>0，b>0)$	
范围	由双曲线的标准方程，分别解出 y 和 x： $$y=\pm\dfrac{b}{a}\sqrt{x^2-a^2}，\qquad ①$$ $$x=\pm\dfrac{a}{b}\sqrt{y^2+b^2}.\qquad ②$$ 由①式知，要使 y 有意义，必须有 $x^2-a^2\geqslant0$，即 $x\geqslant a$ 或 $x\leqslant-a$，这说明双曲线在两条直线 $x=a$ 和 $x=-a$ 的外侧；由①②两式可知，y 的取值在实数范围内没有限制，即 $y\in\mathbf{R}$	
对称性	双曲线关于 x 轴、y 轴、坐标原点都是对称的．因此，x 轴和 y 轴都是双曲线的对称轴，坐标原点是双曲线的对称中心（简称双曲线的中心）	
顶点	双曲线与 x 轴有两个交点：$A_1(-a，0)$，$A_2(a，0)$，它们称为双曲线的顶点．双曲线与 y 轴没有交点，但我们也把点 $B_1(0，-b)$，$B_2(0，b)$ 画在 y 轴上	
实轴、虚轴	线段 A_1A_2 称为双曲线的实轴，它的长等于 $2a$，a 称为双曲线的实半轴长；线段 B_1B_2 称为双曲线的虚轴，它的长等于 $2b$，b 称为双曲线的虚半轴长．实轴和虚轴等长的双曲线称为等轴双曲线	

续表

渐近线	双曲线的各支向外延伸时，与两条直线 $y=\pm\dfrac{b}{a}x$ 越来越接近，但永不相交. 因此，直线 $y=\pm\dfrac{b}{a}x$ 称为双曲线 $\dfrac{x^2}{a^2}-\dfrac{y^2}{b^2}=1$ 的渐近线
离心率	双曲线的焦距与实轴长的比值叫做双曲线的离心率，通常用 e 表示，即 $$e=\dfrac{2c}{2a}=\dfrac{c}{a}.$$ 显然，$e>1$. 双曲线的离心率越大，双曲线的开口就越大；离心率越小，双曲线的开口就越小.

想一想

你能得到双曲线 $\dfrac{y^2}{a^2}-\dfrac{x^2}{b^2}=1$（$a>0$，$b>0$）的几何性质吗？

借助上表所列的几何性质，可以快捷地画出双曲线的草图. 步骤是：

（1）根据双曲线的标准方程画出双曲线的渐近线（渐近线把平面分割成四个部分）；

（2）标出双曲线的顶点，用描点法画出双曲线在第一象限的草图；

（3）利用双曲线的对称性画出完整的双曲线.

当然，最快的作图方式还是使用计算机软件绘图.

例题解析

例1　求双曲线 $9x^2-4y^2=36$ 的实轴和虚轴的长、焦点和顶点坐标、渐近线方程、离心率，并画出双曲线的草图.

解　把双曲线方程化成标准形式，即 $\dfrac{x^2}{2^2}-\dfrac{y^2}{3^2}=1$，所以

$$a=2，b=3，$$

则

$$c=\sqrt{a^2+b^2}=\sqrt{2^2+3^2}=\sqrt{13}.$$

双曲线的实轴长 $2a=4$，虚轴长 $2b=6$；焦点坐标为

$F_1(-\sqrt{13}, 0)$，$F_2(\sqrt{13}, 0)$；顶点坐标为 $A_1(-2, 0)$，$A_2(2, 0)$；渐近线方程为

$$y=\pm\frac{b}{a}x，\text{即 } y=\pm\frac{3}{2}x；$$

离心率为

$$e=\frac{c}{a}=\frac{\sqrt{13}}{2}.$$

为了画出双曲线，先画出双曲线的渐近线和顶点，再描点 $(2.2, 1.4)$ 和 $(3, 3.4)$，画出双曲线在第一象限的部分，然后根据对称性画出双曲线，如图 $4-24$ 所示.

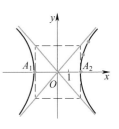

图 $4-24$

例2　求焦距是实轴长的 2 倍，且两顶点相距 $2\sqrt{2}$，焦点在 x 轴上的双曲线的标准方程.

解　焦点在 x 轴的双曲线方程可设为 $\frac{x^2}{a^2}-\frac{y^2}{b^2}=1(a>0,\ b>0)$.

由 $\begin{cases}c=2a，\\ 2a=2\sqrt{2}，\\ c^2=a^2+b^2，\end{cases}$　解得 $\begin{cases}a^2=2，\\ b^2=6.\end{cases}$

所以，所求双曲线的标准方程为 $\frac{x^2}{2}-\frac{y^2}{6}=1$.

例3　已知双曲线与椭圆 $4x^2+y^2=64$ 有共同的焦点，双曲线的实轴长和虚轴长之比为 $\sqrt{3}:3$，求该双曲线的方程.

解　由题意得椭圆的标准方程为 $\frac{x^2}{16}+\frac{y^2}{64}=1$，所以 $a_1=8$，$b_1=4$，则 $c_1=4\sqrt{3}$.

因为双曲线与椭圆 $4x^2+y^2=64$ 有共同的焦点，且焦点在 y 轴上，所以焦点坐标为 $F_1(0, -4\sqrt{3})$ 和 $F_2(0, 4\sqrt{3})$，所以双曲线中 $c_2=4\sqrt{3}$.

设双曲线的方程为 $\frac{y^2}{a_2^2}-\frac{x^2}{b_2^2}=1\ (a_2>0,\ b_2>0)$，由

$$\begin{cases} c_2^2 = a_2^2 + b_2^2, \\ \dfrac{a_2}{b_2} = \dfrac{\sqrt{3}}{3}, \end{cases} \text{解得} \begin{cases} a_2^2 = 12, \\ b_2^2 = 36. \end{cases}$$

所以，该双曲线的方程为 $\dfrac{y^2}{12} - \dfrac{x^2}{36} = 1$.

例 4　双曲线型的自然通风冷却塔如图 4-25 所示，它是由双曲线的一部分绕其虚轴旋转所成的曲面. 它具有接触面积大、空气对流好、冷却快、节省建筑材料等优点. 现在要建造这样一个通风塔，如图 4-26 所示，设该塔最小横截面半径为 12 m，塔顶横截面半径为 13 m，塔底横截面半径为 24 m，塔顶横截面到最小横截面的距离为 10 m，求双曲线的方程及塔高 (精确到 0.1 m).

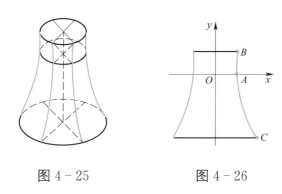

图 4-25　　　　图 4-26

解　由双曲线的性质可知，通风塔最小横截面半径即为双曲线的实半轴长. 如图 4-26 所示建立直角坐标系，设所求的双曲线方程为 $\dfrac{x^2}{a^2} - \dfrac{y^2}{b^2} = 1\ (a > 0,\ b > 0)$.

因为点 $A(12, 0)$ 在双曲线上，所以 $\dfrac{12^2}{a^2} = 1$，得

$$a^2 = 12^2.$$

因为点 $B(13, 10)$ 在双曲线上，所以 $\dfrac{13^2}{a^2} - \dfrac{10^2}{b^2} = 1$，代入 $a^2 = 12^2$ 得

$$b^2 = 24^2.$$

所以，双曲线方程为

$$\dfrac{x^2}{12^2} - \dfrac{y^2}{24^2} = 1.$$

设点 C 的纵坐标为 y_1（$y_1<0$）. 因为点 C（24，y_1）在双曲线上，所以 $\dfrac{24^2}{12^2}-\dfrac{y_1^2}{24^2}=1$. 解得

$$y_1=-24\sqrt{3}\approx-41.6.$$

因此，塔高约为

$$10+|y_1|\approx51.6 \text{ m}.$$

知识巩固 2

1. 求下列双曲线的实轴和虚轴的长、焦距、焦点坐标、顶点坐标、离心率和渐近线方程：

(1) $\dfrac{x^2}{9}-\dfrac{y^2}{16}=1$；　　　(2) $\dfrac{y^2}{36}-\dfrac{x^2}{64}=1$；

(3) $\dfrac{x^2}{25}-\dfrac{y^2}{16}=-1$；　　(4) $25x^2-4y^2=100$.

2. 求满足下列条件的双曲线的标准方程：

(1) 顶点在 x 轴上，$2a=8$，渐近线方程为 $y=\pm\dfrac{3}{4}x$；

(2) 焦点在 y 轴上，$2c=16$，一条渐近线方程为 $y=\dfrac{1}{2}x$.

3. 某钢管校直机上双曲面传动辊轮的尺寸（单位：mm）如图 4 - 27 所示，试求出检验样板（图中阴影部分）中曲线弧所在的曲线方程.

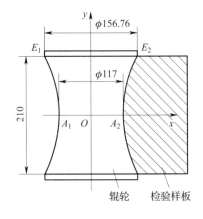

图 4 - 27

4.4 抛物线

仔细观察下面两幅图片所显示的曲线，你还能举出类似的曲线吗？

一个喷泉 观察济南泉城广场的喷泉（图 4 – 28），其喷出水滴的运动轨迹是一条条优美的曲线.

图 4 – 28

一条曲线 取一把直尺、一根绳子和一块三角板. 如图 4 – 29 所示，将直尺固定在平板上直线 l 的位置处，将三角板的一条直角边紧靠着直尺，再将绳子的一端固定在三角板的另一条直角边的一点 A 处，取绳长等于点 A 到直角顶点 C 的长（点 A 到直线 l 的距离），并且把绳子的另一端固定在平板上的一点 F. 用铅笔尖扣着绳子，使点 A 到笔尖的一段绳子紧靠着三角板，将三角板沿着直尺上下滑动，笔尖就在平板上描出了一条曲线.

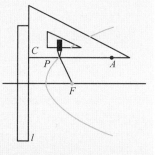

图 4 – 29

4.4.1　抛物线的定义及其标准方程

喷泉喷出水滴的运动轨迹（曲线）正是我们见过的二次函数的图像，即抛物线. 用实例考察中的方法画出的曲线也是抛物线，且对称轴是水平直线. 分析画抛物线的作图方法不难看出，曲线上的任意一点到直尺的距离与到点 F 的距离相等. 我们定义：

平面内到一个定点 F 和一条直线 l 的距离相等的动点的轨迹称为**抛物线**，点 F 称为**抛物线的焦点**，直线 l 称为**抛物线的准线**.

下面，我们来建立抛物线的方程.

如图 4 - 30 所示，建立直角坐标系 xOy，使 x 轴经过点 F 且垂直于直线 l，垂足为 H，并使原点 O 与线段 HF 的中点重合.

设 $|HF| = p\,(p > 0)$，那么焦点 F 的坐标为 $\left(\dfrac{p}{2},\ 0\right)$，准线 l 的方程为 $x = -\dfrac{p}{2}$.

设 $P(x,\ y)$ 是抛物线上的任意一点，作 $PN \perp l$，垂足为 $N\left(-\dfrac{p}{2},\ y\right)$，由抛物线的定义可知

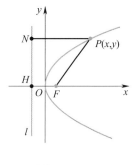

图 4 - 30

$$|PF| = |PN|.$$

由两点间的距离公式得

$$|PF| = \sqrt{\left(x - \frac{p}{2}\right)^2 + y^2},$$

$$|PN| = \sqrt{\left(x + \frac{p}{2}\right)^2},$$

$$\sqrt{\left(x - \frac{p}{2}\right)^2 + y^2} = \sqrt{\left(x + \frac{p}{2}\right)^2}.$$

展开整理得

$$y^2 = 2px \quad (p > 0).$$

这个方程称为**抛物线的标准方程**，它表示焦点在 x 轴的正半轴上的抛物线（开口向右），它的焦点为 $F\left(\dfrac{p}{2},\,0\right)$，准线方程为 $x=-\dfrac{p}{2}$.

在建立抛物线的标准方程时，如果建立的直角坐标系使焦点在不同的坐标轴上，则得到的标准方程也不同，所以抛物线的标准方程还有另外三种形式. 四种抛物线的图形、标准方程、焦点坐标以及准线方程见下表.

图形	标准方程	焦点坐标	准线方程
	$y^2=2px$ $(p>0)$	$\left(\dfrac{p}{2},\,0\right)$	$x=-\dfrac{p}{2}$
	$y^2=-2px$ $(p>0)$	$\left(-\dfrac{p}{2},\,0\right)$	$x=\dfrac{p}{2}$
	$x^2=2py$ $(p>0)$	$\left(0,\,\dfrac{p}{2}\right)$	$y=-\dfrac{p}{2}$
	$x^2=-2py$ $(p>0)$	$\left(0,\,-\dfrac{p}{2}\right)$	$y=\dfrac{p}{2}$

▶ 例题解析

例　求下列抛物线焦点 F 的坐标及准线 l 的方程：

（1）$x+y^2=0$；

（2）$x^2+3y=0$；

（3）$2x^2-y=0$；

（4）$x=\dfrac{1}{4}y^2$.

解　（1）化原方程为抛物线的标准方程：$y^2=-x$，得 $p=\dfrac{1}{2}$，所以焦点为 $F\left(-\dfrac{1}{4},\,0\right)$，准线 l：$x=\dfrac{1}{4}$.

（2）化原方程为抛物线的标准方程：$x^2 = -3y$，得 $p = \dfrac{3}{2}$，所以焦点为 $F\left(0, -\dfrac{3}{4}\right)$，准线 l：$y = \dfrac{3}{4}$.

（3）化原方程为抛物线的标准方程：$x^2 = \dfrac{1}{2}y$，得 $p = \dfrac{1}{4}$，所以焦点为 $F\left(0, \dfrac{1}{8}\right)$，准线 l：$y = -\dfrac{1}{8}$.

（4）化原方程为抛物线的标准方程：$y^2 = 4x$，得 $p = 2$，所以焦点为 $F(1, 0)$，准线 l：$x = -1$.

提示 求抛物线的焦点坐标和准线方程的关键是求 p 的值；求抛物线的标准方程的关键也是求 p 的值．因此，p 的值是解决抛物线问题的"钥匙"．

▶ 知识巩固 1

1. 求下列抛物线焦点 F 的坐标及准线 l 的方程：

（1）$x^2 = 4y$；　　　　　（2）$x = 10y^2$；

（3）$2x^2 + y = 0$；　　　（4）$5x - y^2 = 0$.

2. 抛物线 $y^2 = 16x$ 上一点 M 到焦点的距离是 10，则点 M 到准线的距离是_____．

4.4.2　抛物线的性质

分析抛物线的标准方程 $y^2 = 2px\,(p > 0)$ 和图像，可以得到抛物线的一些重要性质：

范围及开口方向

因为 $p > 0$，根据标准方程，这条抛物线上的任意点 $M(x, y)$ 满足不等式 $x \geqslant 0$，即这条抛物线在 y 轴的右侧．另一方面，$|y|$ 随 x 增大而增大，也就是说抛物线向右上方和右下方无限延伸，即

$y \in \mathbf{R}$，这条抛物线向右开口.

对称性

因为 $(-y)^2 = y^2$，所以用 $-y$ 代替 y，上述标准方程保持不变．由此可知这条抛物线关于 x 轴对称，即 x 轴是**抛物线的对称轴**.

顶点

抛物线和它的对称轴的交点称为**抛物线的顶点**．对于上述标准方程，当 $y = 0$ 时，$x = 0$，所以它所表示的抛物线的顶点是坐标原点.

实际上，分析抛物线各种形式的标准方程及其图像，都可以得到类似性质，列表如下：

标准方程	$y^2 = 2px$	$y^2 = -2px$	$x^2 = 2py$	$x^2 = -2py$
范围	$\begin{cases} x \geqslant 0 \\ y \in \mathbf{R} \end{cases}$	$\begin{cases} x \leqslant 0 \\ y \in \mathbf{R} \end{cases}$	$\begin{cases} x \in \mathbf{R} \\ y \geqslant 0 \end{cases}$	$\begin{cases} x \in \mathbf{R} \\ y \leqslant 0 \end{cases}$
开口方向	向右	向左	向上	向下
对称轴	x 轴		y 轴	
顶点	对于标准方程表示的抛物线，顶点为原点 $O(0, 0)$			

例题解析

例1 求顶点在原点，并满足下列条件的抛物线的标准方程：

(1) 焦点 $F(-2, 0)$；

(2) 准线 l：$y = 3$；

(3) 焦点 F 到准线的距离是 4，且以 x 轴为对称轴.

解 (1) 由于焦点为 $F(-2, 0)$，因此可设抛物线方程为

$$y^2 = -2px \quad (p > 0).$$

因为 $\dfrac{p}{2} = 2$，所以 $p = 4$.

所以，抛物线的标准方程为 $y^2 = -8x$.

(2) 由于准线方程为 l：$y = 3$，因此可设抛物线方程为

$$x^2 = -2py \quad (p > 0).$$

因为 $\dfrac{p}{2} = 3$，所以 $p = 6$.

因此，抛物线的标准方程为 $x^2 = -12y$.

（3）由于 $p=4$，且抛物线以 x 轴为对称轴，所以抛物线的标准方程为 $y^2 = \pm 8x$.

例2 设抛物线的顶点位于坐标原点，对称轴为 x 轴，且过点 $(-2, -2\sqrt{5})$. 求它的标准方程，并画出它的图形.

解 由题意设抛物线的标准方程为

$$y^2 = -2px \ (p>0).$$

因为点 $(-2, -2\sqrt{5})$ 在抛物线上，所以

$$(-2\sqrt{5})^2 = -2p \cdot (-2),$$

解得 $p=5$，即标准方程为 $y^2 = -10x$.

为了画出抛物线，先由方程求出第二象限内几组 x，y 的值，见下表：

x	⋯	-10	-5	-2.5	0
y	⋯	10	7.1	5	0

根据上表，描点连线，得抛物线在第二象限内的一部分，然后利用对称性画出完整的抛物线，如图 4-31 所示.

例3 已知抛物线形拱桥的跨度 AB 为 24 m，拱高 $|OO'|$ 为 6 m，要在拱下每隔 4 m 立一支柱，求与桥中心线 $|OO'|$ 相距 8 m 处支柱 $|MN|$ 的高（精确到 0.01 m）.

解 建立如图 4-32 所示的坐标系，设抛物线的方程为

$$x^2 = -2py \ (p>0).$$

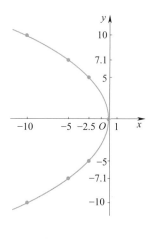

图 4-31

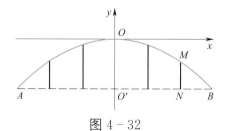

图 4-32

由拱桥的跨度 AB 为 24 m，得到 $|BO'|$ 为 12 m，又由于 $|OO'|$ 为 6 m，所以图中第四象限的点 B 的坐标为 $(12，-6)$.

因为点 $B(12，-6)$ 在抛物线上，所以有

$$12^2 = -2p \cdot (-6).$$

解得 $p=12$，即抛物线方程为

$$x^2 = -24y$$

设点 M 的纵坐标为 y_1，因为点 $M(8，y_1)$ 在抛物线上，所以

$$8^2 = -24y_1，$$

解得

$$y_1 = -\frac{8}{3}.$$

所以，支柱高 $|MN| = 6 - |y_1| = 6 - \frac{8}{3} \approx 3.33$ m，

即与桥中心线 $|OO'|$ 相距 8 m 处支柱 $|MN|$ 的高约为 3.33 m.

知识巩固 2

1. 设抛物线的顶点在坐标原点，求满足下列条件的抛物线的标准方程：

(1) 焦点为 $F(0，-5)$；　　　(2) 焦点为 $F(5，0)$；

(3) 准线为 $x = \frac{1}{3}$；　　　(4) 准线为 $y = -\frac{1}{3}$.

2. 求满足下列条件的抛物线的标准方程：

(1) 顶点在原点，对称轴是 x 轴，并且顶点与焦点的距离等于 6；

(2) 顶点在原点，对称轴是 y 轴，并且经过点 $P(-6，-3)$.

3. 某烘箱的热能反射罩如图 4‑33a 所示，电热丝穿过其横截面抛物线的焦点且平行于罩面，这样可以使热能向一个方向均匀辐射. 其截面尺寸如图 4‑33b 所示，试求电热丝到横截面抛物线顶点的距离. (提示：该距离即为抛物线焦点到顶点的距离.)

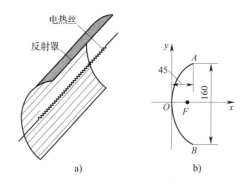

图 4-33

数学与生活

圆锥曲线在诸多实际应用场景中展现了其深远的学术价值与实践意义.

天文学与航天科学中，行星绕日轨道及人造卫星的运行轨迹均呈现椭圆形，这一自然现象的数学描述，不仅遵循了万有引力定律与开普勒定律，也进一步验证了圆锥曲线在天体运动研究中的核心地位.航天器的轨道变换，如从椭圆轨道过渡至抛物线轨道，正是基于圆锥曲线的性质，实现了精确的轨迹控制与任务规划.

在建筑与工程领域，国家体育场（图 4-34）主体建筑是椭圆鸟巢外形，由一系列钢桁架围绕碗状坐席区编制而成，缩短了观众席与赛道之间的距离，并在确保结构实用性的同时，减少了钢材使用量，降低了钢结构加工与制作的难度.化工厂及热电厂中的冷却塔（图 4-35）采用了双曲线形态的设计，优化了蒸汽的流动路径，提高了蒸汽回收率，减少了能源浪费.

图 4-34

图 4-35

圆锥曲线不仅在数学理论体系中占据重要地位，更以其独特的性质与广泛的应用，成为连接数学理论与实践的桥梁，展现了数学科学在推动社会进步与技术创新中的重要作用.

本章小结

　　本章深入探讨了圆锥曲线这一几何学中的重要内容，圆锥曲线作为由平面截圆锥面所得的曲线，不仅在理论上具有丰富的性质，而且在实际应用中也扮演着重要角色．本章主要从曲线与方程的关系出发，学习了椭圆、双曲线、抛物线这三种基本圆锥曲线的定义、性质、标准方程及应用．

　　请根据本章所学知识，将知识框图补充完整．

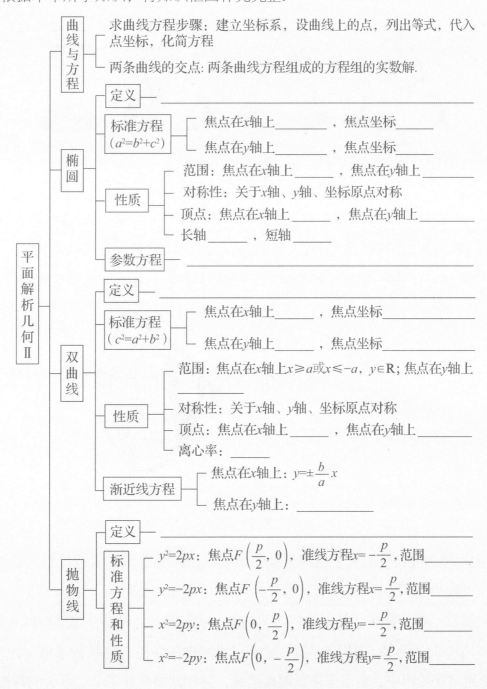

抛物线与"中国天眼"

圆锥曲线是通过截取圆锥体得到的几何图形：当切面平行于圆锥的底面时，得到的是圆；改变切面与圆锥的底面的夹角，可以得到椭圆、抛物线和双曲线（图 4-36）. 因为圆锥曲线独特的性质，其与科研、生产生活有着密切的联系.

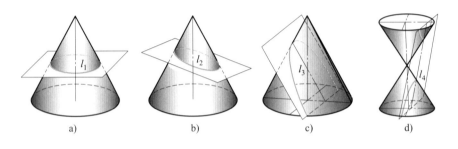

图 4-36

其中，抛物线有一个十分重要的光学性质：如图 4-37 所示，从抛物线焦点处的点光源发出的光线，经过抛物线反射后，成为一束与抛物线的对称轴平行的光线，探照灯、汽车前灯的反射镜面就是抛物面（抛物线绕其对称轴旋转而形成的曲面）的形状.

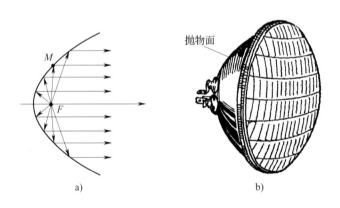

图 4-37

射电望远镜是接收并研究宇宙和天体的无线电波的装置，由天体投射来的电磁波经射电望远镜的抛物面反射后，可以到达公共焦点，实现同相聚焦."中国天眼"的全称是500 米口径球面射电望远镜，英文缩写为 FAST，是中国自主研发并建造的世界最大、最灵敏的单口径射电望远镜."中国天眼"坐落在贵州省平塘县的喀斯特洼地中，其口径相当于 30 个足球场的面积，由数千块反射板组成，它们共同构成了一个巨大的球面反射器.

反射板的设计基于抛物面的光学特性，所有来自太空的无线电波都能够通过反射板聚焦到望远镜的接收器上.“中国天眼”的巨大口径可以有效地捕捉从宇宙中传播来的极为微弱的电磁波信号，不仅具有极高的灵敏度，还能够探测到数百亿光年以外的天体，帮助科学家研究脉冲星、黑洞、星系演化以及探索外星生命的可能性，为人类的宇宙探索提供了强大的工具.

在其他射电望远镜项目上，中国也取得了显著成就，如上海的 65 米天马望远镜、四川省稻城县的圆环阵太阳射电成像望远镜“千眼天珠”等，均广泛应用了抛物面.

以“中国天眼”为代表的中国射电望远镜项目，是中国在大科学工程领域的杰出成果，其将在太阳物理、空间天气、射电天文、行星防御等领域发挥重要作用，体现了中国制造的工艺精湛和中国科技的全球视野.中国的科技力量不仅仅体现在规模巨大的工程项目上，还体现在基础理论与实践应用的完美结合.从抛物线的几何原理，到探测数十亿光年之外的天体信号，数学智慧正在推动中国在全球科技舞台上的崛起.